JN233663

# 河川を活かした
# まちづくり事例集

● 財団法人 リバーフロント整備センター編

# はじめに

　都市内の河川は、都市の拡大発展と過密化に対応して治水機能の確保を最優先に、まちづくりとは独立して整備が進められてきました。その結果、コンクリート水路のような無機質な河川となり、沿川地域の人々の河川に対する愛着は薄れ、まちづくりや人々の生活からも遊離した河川空間となってきています。

　河川は本来、自然公物としてまちづくりのなかに共存し、治水機能のみならず防災空間として、また、都市内の身近な水辺、緑地環境として、あるいはレクリエーション空間など多様な機能を発揮し、都市の構成要素として重要な役割を果たしていくべき存在であります。

　市街化が進んだ都市内において、河川を本来の望ましい水辺環境空間に再生していくためには、沿川市街地との一体的な整備への取り組みが必要とされます。この事の重要性については、平成10年当時、河川審議会でも議論され、「河川を活かした都市の再構築の基本的方向」として提言されているところでもあります。

　引き続いて、このような考え方を具体的にすべく、国土交通省の河川局、都市・地域整備局、住宅局及び、都市基盤整備公団、地方自治体のメンバーで構成された「河川を活かしたまちづくりに関する検討委員会」で活発な議論がなされていますが、本事例集はその過程で紹介・検討された河川と市街地との一体的整備の各地の事例をとりまとめ編集したものです。

　本事例集では河川とまちの整備概要に加えて、整備にあたっての河川とまちづくり双方の権利関係、費用負担・管理区分などの実務的な事項についても紹介してあります。

　河川沿川の市街地整備にあたり、河川管理者をはじめ関係者が調整を行う上で必要な情報がのっていますので、河川と一体となったまちづくりを考える方々の参考になるものと思います。

　本事例集をまとめるにあたり、国土交通省を始め、河川管理者、地方自治体の方から多数の資料と数々の御助言をいただきました。ここにあらためてお礼申し上げます。

平成14年8月
財団法人 リバーフロント整備センター
理事長　松田　芳夫

# 河川を活かした まちづくり事例集

## 目次

**はじめに**

### 第1章　河川を活かしたまちづくり
 1 都市内における河川の役割 …………………………8
 2 河川整備とまちづくりとの連携 …………………9
  (1) 河川整備・まちづくりの計画での連携 …………9
  (2) 河川整備・まちづくりでの事業連携 …………10
  (3) 沿川市街地での規制・誘導方策での連携 …………11
 3 事例地区の特徴 …………………………………12
 4 河川を活かしたまちづくりの推進に向けて …………15

### 第2章　事例集
 1 隅田川／箱崎地区 …………………………………20
 2 目黒川／荏原市場跡地地区 ………………………26
 3 堀川／黒川地区・納屋橋地区・白鳥地区 …………33
 4 大川／大阪アメニティパーク ……………………42
 5 道頓堀川／湊町リバープレイス …………………48
 6 木津川・尻無川／岩崎橋地区 ……………………53
 7 安治川・正蓮寺川／此花西部臨海地区 …………58
 8 武庫川／湯本第1地区 ……………………………64
 9 都賀川／都賀川公園 ………………………………69
 10 京橋川／JALシティ広島 …………………………75
 11 古川／古川リバーサイド地区 ……………………82
 12 新町川／しんまちボードウォーク ………………89
 13 紫川／紫川馬借地区 ………………………………96
 14 博多川／博多リバレイン …………………………103

## 第3章　参考資料

### 河川を活かしたまちづくりのための制度 ……………………………………110
#### 1　河川事業 ……………………………………………………………………110
　　(1) 河川の区分と河川管理の仕組み ………………………………………110
　　(2) 河川事業 …………………………………………………………………111

#### 2　まちづくり事業と規制・誘導制度 ……………………………………113
　　(1) 都市計画の枠組み ………………………………………………………113
　　(2) まちづくり事業 …………………………………………………………114
　　(3) 規制・誘導手法 …………………………………………………………118

### 「河川を活かした都市の再構築の基本的方向」中間報告 …………………121
#### 1　都市と河川の関わり ………………………………………………………122
#### 2　今後の都市と河川のあり方 ………………………………………………125
#### 3　都市内河川の整備方策 ……………………………………………………127

### 「水と緑の環境デザイン」基本政策部会報告 ………………………………131
#### 1　都市環境をめぐる状況の変化と課題 ……………………………………131
#### 2　今後の都市環境政策の視点 ………………………………………………134
#### 3　水や緑を活かした具体的施策 ……………………………………………136

# 第1章　河川を活かしたまちづくり

## 1. 都市内における河川の役割

　安全・快適で潤いのある豊かな都市生活を実現するため、現在、都市内においては、道路等の基盤整備、市街地の防災対策、地域活性化施策、環境施策、それらを複合させた抜本的な市街地整備など、都市再生に向けての様々な取り組みが重要かつ緊急の課題として実施されつつある。

　河川についてみると、都市化が急速に進むなかで、河川整備は治水機能を優先して進められてきたため、河川のもつ固有の特徴が十分に活かされているとは言い難い。河川整備とまちづくりについては、計画や事業もそれぞれ独立した執行体系となっているため制度的な障害もある。

　一方、河川は都市の骨格を形成する重要な構成要素であり、世界的にみても河川が都市の顔として、その地域の風土や文化の象徴となっている都市も多くある。

　河川が本来有している多様な役割は、これらを改めて再認識することでまちづくりにおいても積極的に活用し、安全で潤いある市街地形成に役立てることが可能である。

　河川審議会都市内河川小委員会の中間報告（平成10年9月）及び都市計画中央審議会基本政策部会水・緑・環境委員会の部会報告（平成10年9月）においても、河川整備とまちづくりとの連携が示され、「河川を活かしたまちづくり」の方向が出されている。

　都市内河川の具体的な役割は、図のように整理されるが、沿川地域でのまちづくりを一体的に推進していくためには、河川自体に魅力がなければ困難であり、河川そのものの魅力向上とまちづくりとの連携によって、都市内河川の役割を引き出していくことが望まれる。

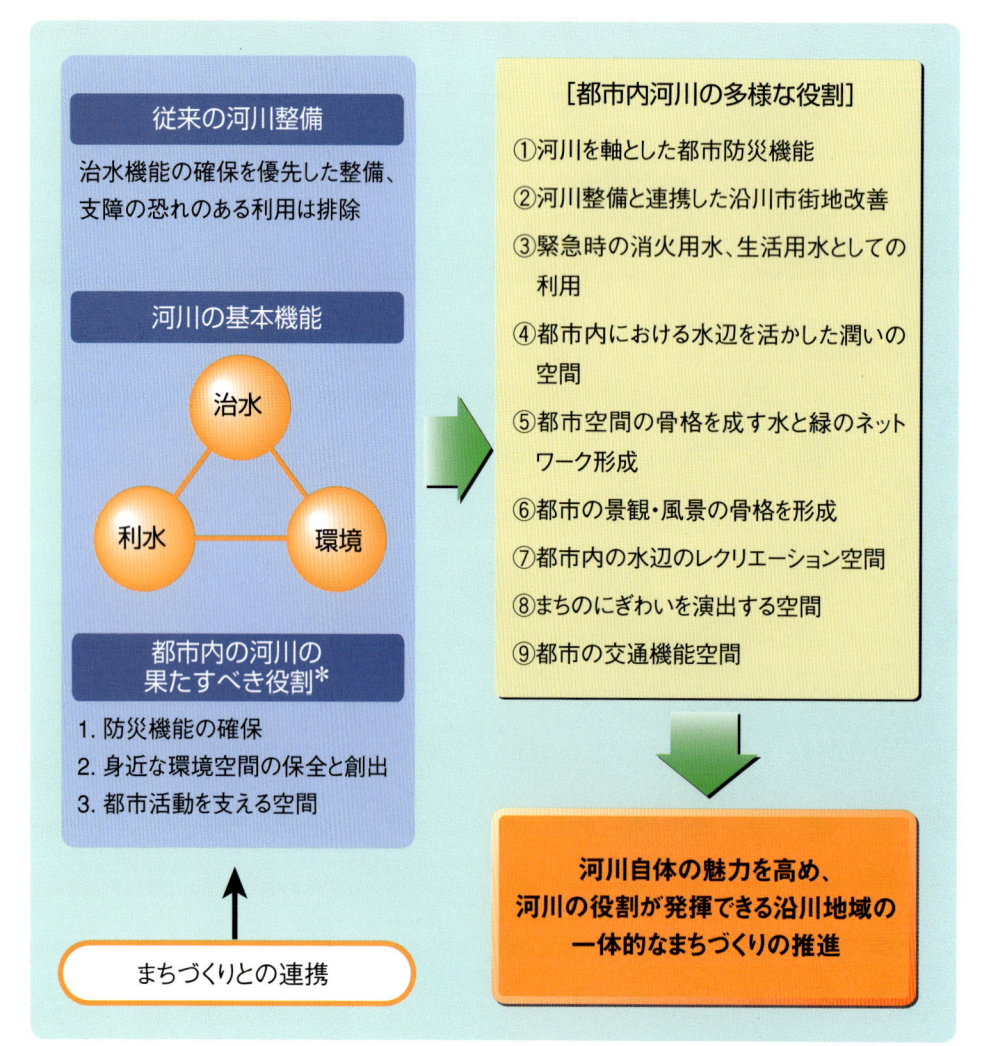

| 従来の河川整備 | [都市内河川の多様な役割] |
|---|---|
| 治水機能の確保を優先した整備、支障の恐れのある利用は排除 | ①河川を軸とした都市防災機能<br>②河川整備と連携した沿川市街地改善<br>③緊急時の消火用水、生活用水としての利用<br>④都市内における水辺を活かした潤いの空間<br>⑤都市空間の骨格を成す水と緑のネットワーク形成<br>⑥都市の景観・風景の骨格を形成<br>⑦都市内の水辺のレクリエーション空間<br>⑧まちのにぎわいを演出する空間<br>⑨都市の交通機能空間 |

河川の基本機能：治水・利水・環境

都市内の河川の果たすべき役割*
1. 防災機能の確保
2. 身近な環境空間の保全と創出
3. 都市活動を支える空間

↑ まちづくりとの連携

→ 河川自体の魅力を高め、河川の役割が発揮できる沿川地域の一体的なまちづくりの推進

＊河川審議会都市内河川小委員会中間報告の方針（平成10年9月）

## 2. 河川整備とまちづくりとの連携

　沿川地域のまちづくりにおいて、河川を「都市の重要な構成要素」として位置づけ、河川の特徴を十分に活用していくためには、河川管理者とまちづくりの主体である市区町村が連携し、河川と沿川地域整備の目標となるまちづくりの将来像を共有して整備施策を展開していくことが重要となる。河川整備とまちづくりとの連携のあり方については、以下の3つの側面がある。

### (1) 河川整備・まちづくりの計画での連携

　河川と都市の計画体系の現状をみると、河川では河川管理者である国・都道府県が水系を単位として河川整備基本方針、河川整備計画を策定し、一方都市については主に市区町村等の行政区域を単位として、総合計画や都市計画などが策定されている。

　このため河川と都市の計画策定にあたって、計画対象区域や計画内容のレベルが整合しておらず、また、相互の計画策定時においても十分な情報交流がなされていない場合が多い。

　都市計画法の運用においても、河川の積極的な都市計画決定が言われているものの、現状では限られた自治体が都市計画決定しているにとどまっている。

　河川整備とまちづくりとの連携の第一歩として、計画面での連携が重要となる。河川、都市のそれぞれの計画において、相互に河川と沿川市街地の位置づけを明確にしていくことが必要とされる。計画の策定にあたっても、互いに双方の計画策定チームに積極的に参画し、具体的な計画づくりで連携していくことも必要である。

　良好な河川空間が形成されている先進事例をみると、河川が都市の要素として位置づけられていると同時に、河川管理者と市区町村等が連携して地区レベルの一体的整備計画を策定している例が多い。

　河川を活かしたまちづくりを具体的に推進していくためには、都市レベルでの計画上の位置づけからさらに進めて、整備地区を対象とした地区レベルの一体的な計画（河畔まちづくり計画）を相互に連携して策定していくことも不可欠である。

■広島市中心市街地

写真提供：広島市

## （2）河川整備・まちづくりでの事業連携

　河川は、河川法に基づく計画・事業体系によって整備が進められてきており、河川整備とまちづくりは河川区域を境界としてそれぞれの事業者が分担して事業を行っている。

　河川の整備は長期計画に沿って区間単位で事業化されるのに対し、まちづくり事業は沿川地域にスポット的に発生するという整備上の特性もあり、事業の整合を図りにくい面もある。このため、事業スケジュールやデザインの不整合あるいは、工事の長期化などの問題が生じている。

　まちづくりと一体となった水辺空間の整備を推進していくためには、河川整備・まちづくりの事業面での連携が重要となる。事業連携によって、工事工程、工事費の効率化や、まちと一体となった水辺空間のデザイン、周辺環境への影響の軽減といった効果も期待できる。

　河川においては、一定のルールのもとに、沿川でのスポット的なまちづくり事業への対応が行いやすい「河畔整備事業」が平成13年度に創設されたのを始め、市町村長の施行する河川工事制度（河川法第16条の3）なども準備されている。

　先進事例をみても、河川区域とまちづくり事業区域を柔軟に設定することで重複的に事業連携を図ったり、各事業区域に区分されているものの、計画・デザイン調整によって実質的な事業連携を果たしているなどの工夫がみられる。

　河川を活かしたまちづくりを具体的に実現していくためには、河川区域を境界としたそれぞれの事業という発想から脱却し、河川・まちづくりの双方が権原設定、費用負担、維持管理などについて一定のルールを明確にした上で、事業連携を推進していくことが期待される。

■博多川

## （3）沿川市街地での規制・誘導方策での連携

　河川を都市のなかで活かしていくためには、必ずしも整備事業を行うだけでなく、沿川の緑地を保全したり、沿川市街地の良好な景観形成を誘導していくような規制・誘導方策を展開していくことも有効である。

　河川においては、河川区域あるいは河川保全区域といった河川管理施設等を保全するための公物管理上の規制策はあるが、沿川の市街地形成自体を誘導していくような方策は有していない。

　一方、まちづくりにおいては、風致地区、緑地保全地区あるいは地区計画制度などの沿川市街地でも活用できる多様な規制・誘導方策が準備されている。また地方分権化の流れの中で、地方自治体が独自に定めるまちづくり条例も、今後の沿川市街地での規制・誘導を行う上で、重要な役割を担うことが想定される。例えば、東京都の「景観条例」、仙台市の「広瀬川の清流を守る条例」、広島市の「リバーフロント建築物等美観形成協議制度」などは、先進的な取り組みである。

　河川を活かしたまちづくりを総合的に推進していくためには、沿川市街地での規制・誘導面で連携していくことも重要な要素といえる。河川管理者も、まちづくりの各種制度への理解を深めていくとともに、河川と沿川市街地の将来像やあり方についても議論することを通じて、沿川市街地での規制・誘導方策を活用し、より良好な水辺のまちづくりを推進していくことが必要である。

■隅田川景観基本軸と一般地域の関係

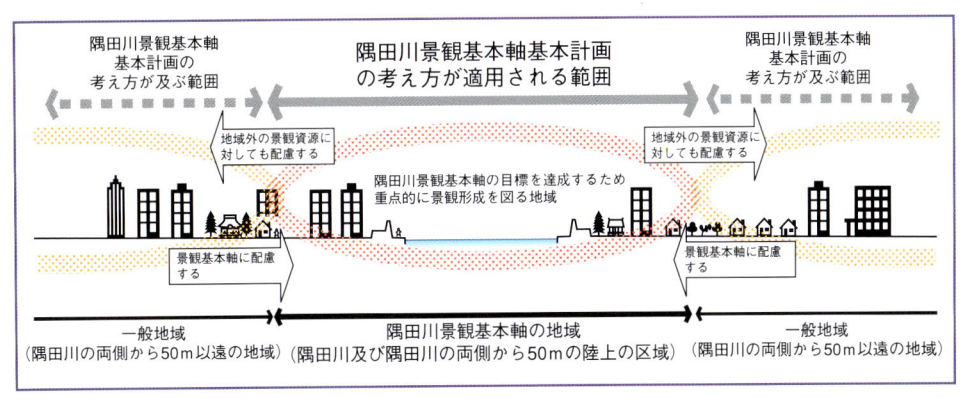

出典：「隅田川景観基本軸の景観づくり」東京都都市計画局

■広島市リバーフロント建築物等景観協議制度

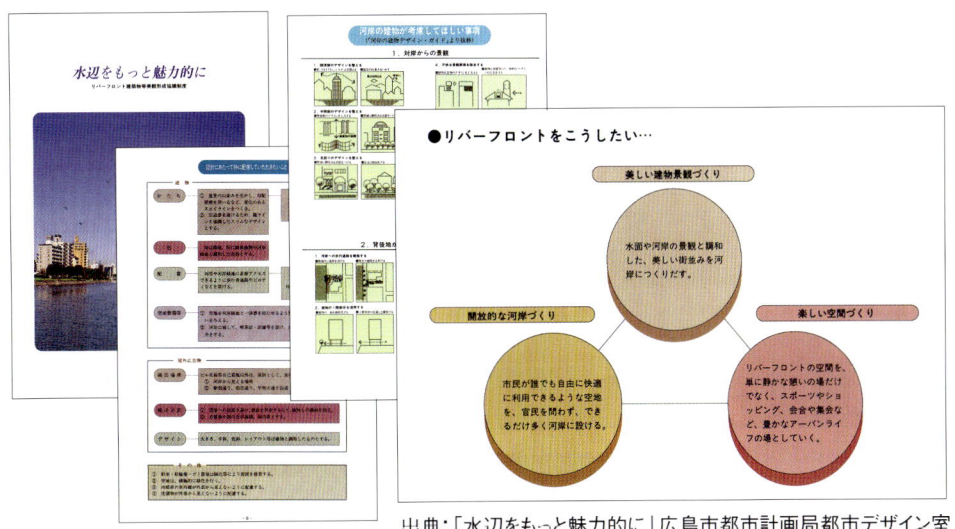

出典：「水辺をもっと魅力的に」広島市都市計画局都市デザイン室

## 3. 事例地区の特徴

　河川整備と沿川まちづくりが一体となって、良好な河川空間の整備が行われている先進事例をみると、河川管理者、地方自治体の取り組みに大きく4つの特徴がある。

### ① 河川整備と沿川まちづくりの一体的な計画が策定されている

- 良好な河川空間が形成されている地区では、河川管理者と沿川まちづくりの主体である市区町村等が参画して策定された地区レベルの計画を有する所が多い。
- 一体的整備計画が策定されていることにより、河川管理者、まちづくり担当者の双方で共通の理念が構築され、事業を個別に実施する場合でも、良好な河川空間形成が実現できる。
- とくに、河川事業に比べ多くの地権者がかかわることが多いまちづくり事業は、河川事業より調整等に時間を要することもあるため、河川事業が先行することも考えられる。一方、予算上の制約からまちづくり事業が先行することもあり得る。このような場合は一体的整備計画の策定が重要な役割を担う。
- マイタウン・マイリバー整備事業等のモデル事業が計画策定の契機となっている例もある。

〔事例／紫川、新町川、古川　等〕

■紫川

### ② 河川事業と沿川まちづくり事業を同時に実施

・具体の地区レベルの計画の有無にかかわらず、事業段階で河川管理者と市区町村の双方で調整を行いながら同時に事業を実施することにより、設計レベルの調整が可能となり良好な河川空間が形成されている事例もみられる。

〔事例／博多川、大川、木津川・尻無川　等〕

■大川　　　　　　　　　　　■武庫川

### ③ 市区町村が総合的な行政力を有している

・河川管理者は通常国あるいは都道府県であるため、市区町村行政内には河川部局が組織化されていないのが一般的である。
・先進事例では、政令指定都市を中心に庁内に河川部局が設定されており、同一庁内に河川整備及びまちづくり双方の事業部局があるため、計画だけでなく、事業段階の円滑な調整が可能となっている。
・政令指定都市を中心に、河川事業の時期にあわせて沿川まちづくり事業を実施したり、さらには沿川まちづくりにあわせて河川区域内の高質化整備を行う等、市区町村単独費を投入し一体的空間形成を行っている事例もある。

〔事例／大阪市、北九州市、名古屋市　等〕

### ④ 発意にはさまざまなケースがある

・河川を活かしたまちづくりにおいて、その発意についても、いくつかのケースがある。
　―行政主導で、例えば補助スーパー堤防整備事業のように、予め対象河川を行政側が設定し、沿川での開発に際して協力を求めていくような地区
　　〔事例／隅田川－箱崎地区、尻無川－岩崎橋地区、安治川・正蓮寺川－此花西部臨海地区〕
　―マイタウン・マイリバー整備事業のようなモデル事業制度導入を契機としている地区。このケースにおいても、沿川での民間側の発意に呼応し、協調して整備を行っている地区もある。　〔事例／堀川－納屋橋地区〕
　―行政によるまちづくり方針として、河川を活かしたまちづくりに関する方向づけを準備し、これを指針として沿川の市街地再開発事業や民間開発の誘導と河川整備を官民協調で進めているケース。　〔事例／大阪市、広島市、福岡市〕
　―沿川地権者や開発事業者からの発意によって再開発地区計画制度等を活用し、一体的な整備が進められている地区。　〔事例／大川－大阪アメニティパーク　等〕
・いずれにおいても、一体的な計画の策定が、事業化に際して河川管理者とまちづくり事業者の共通理念を構築する上で重要な点となっている。

次に具体的な整備においてもさまざまな工夫がなされているが、その特徴を整理すると以下のような点があげられる。

[河川とまちの一体的な整備における工夫]

①河川区域とまちづくり事業区域の柔軟な設定による事業面での円滑な連携
　　従来、河川整備とまちづくりとは、河川区域を境界として事業分担を行っていたが、区域設定を工夫することによって両者の事業への取り組みを容易にし、施設整備や費用負担などの調整を行っている。

②河川整備とまちづくり事業の重層化によって高質な沿川空間を整備
　　河川用地において、河川事業で基盤部分を整備し、上面のグレードアップをまちづくり事業が分担するなど、事業を重層的に実施してより高質な都市空間を創出している。

③まちづくり事業活用による河川整備用地の創出
　　都市内の河川整備においては、用地買収が困難な地区もあり、土地区画整理事業や市街地再開発事業などの面的な整備事業と連携することで河川整備のための用地確保を行っている。

④デザイン調整等による調和のとれた一体的な空間整備
　　整備事業は河川区域を境界としてそれぞれの主体が実施しているが、予めデザイン面の調整などを協調して行うことで河川とまちが連続した調和のとれた空間を創り出している。

⑤沿川民有地と連携した河川の整備、インセンティブの付与
　　これまで、とくに民間開発では、事業の長期化によるリスクを避けるため、河川との一体的事業が避けられてきた経緯があるが、沿川民有地での河川整備に対して整備費の負担や税の減免など民間事業者へのインセンティブを付与することで、双方の整備を促進している。

⑥まちづくりと協調した河川占用の柔軟な運用
　　河川占用については、治水上の安全性、公共性の確保の観点から厳しい運用がなされてきたが、例えば地方自治体が河川管理用通路部分を公園として占用し、ボードウォークを整備してまちのにぎわいを創り出すといった柔軟な運用上の対応によって、沿川のまちづくりを促進している。

⑦河川立体区域制度の活用による土地の有効利用
　　河川立体区域制度を活用することによって、調節池や排水機場などの河川管理施設の上空に公共・公益施設、住宅、福祉施設等を一体的に建設し、土地を有効利用している。

## 4. 河川を活かしたまちづくりの推進に向けて

　河川整備とまちづくり事業は従来別々の体系で進められてきたため、必ずしも相互の連携は充分とはいえなかったが、全国の先進的な事例をみるとさまざまな工夫を行い、まちづくりの中で河川を積極的に位置づけ「河川を活かしていく」ことで魅力的な水辺空間を創り出している。

　河川を活かしたまちづくりを推進するためには、まちづくり主体である市区町村と河川管理者および市民や沿川での民間事業者が、地区レベルの計画において将来像を共有し、河川と沿川地域を一体的に整備・管理・利用するため連携を図っていくことが重要であり、次のような取り組みが不可欠である。

### ① 上位計画における河川・都市相互の位置づけの明確化

- 河川は都市の骨格を形成する重要な構成要素であり、今後都市防災や環境面から都市における役割は高まっていく。
- 河川とまちづくりは独立した計画体系をもっているものの、計画の策定にあたって、相互に参画・連携し、交流を図っていくとともに、それぞれの計画の中に、河川では沿川のまちづくりについて、都市では河川の位置づけについて明確にし、基本的な方向や将来像を共有していくことが必要とされる。

■河川を活かしたまちづくり推進への概念

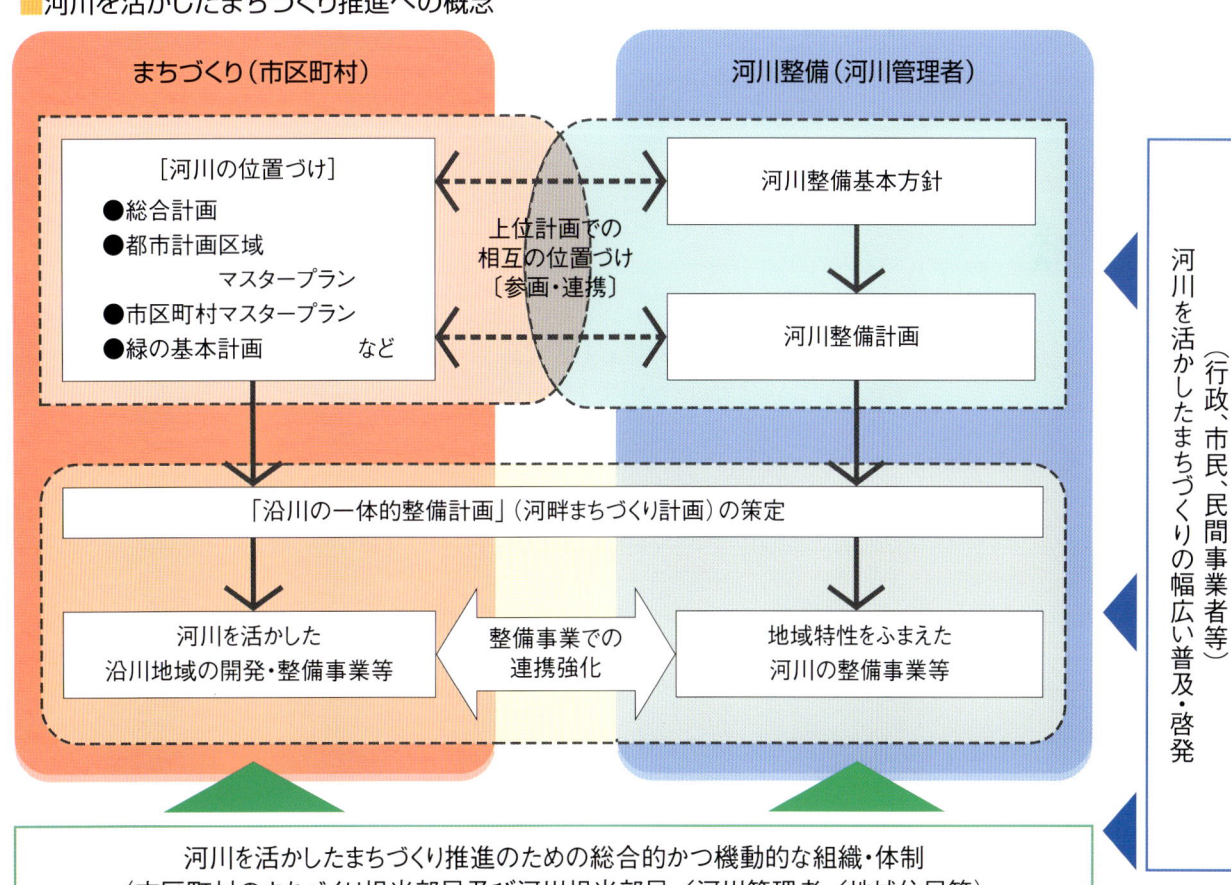

## ② 「沿川の一体的整備計画」の策定の推進

- 先進的な事例でみられるように、河川を活かしたまちづくりを実践している地域では、上位計画での位置づけだけでなく、整備地区を対象に河川と沿川地区を含む地区レベルの一体的な整備計画が立案され、この中で計画や事業の調整が行われている。
- 河川を活かしたまちづくりに取り組んでいく区間・地区については、河川管理者とまちづくり部局とが相互に連携して整備計画を立案し、この計画に基づいてそれぞれの事業を展開していくことが不可欠である。

## ③ 整備・事業での連携の強化

- 都市内において河川整備や沿川地域でのまちづくり事業を合理的に進め、河川をまちづくりに活かしていくためには、整備・事業段階での連携を強化していくことも重要となる。
- 従来、別々の体系であったために、事業調整にあたっての基本的な運用ルール（河川区域、費用負担、管理区分、占用許可等）が充分に整っているとは言い難い。しかしながら事例を積み重ね、それらの情報を共有するとともに、アイデアを出し合うことにより、整備・管理についての基本的な運用ルールを明確にし、沿川の一体的整備に柔軟に対応していく必要がある。

## ④ 河川を活かしたまちづくり推進のための総合的かつ機動的な組織・体制づくり

- 河川整備を担う国、都道府県の河川管理者と、まちづくりを担う市区町村とは行政組織自体が異なり、また市区町村には河川の技術的な蓄積も充分でない場合が多く、人材や情報の交流も少なくなりがちである。
- 沿川地域のまちづくり事業は、市区町村が主体となって進められることになるが、河川管理者との協力関係を充実するとともに、地方整備局、都道府県等の総合調整機能を活用しつつ、取り組み体制を強化していくことが不可欠である。

## ⑤ 河川を活かしたまちづくりの幅広い普及・啓発

- 都市内河川と沿川地域の一体的整備を進めていくために、とくに既成市街地では、行政だけでなく、沿川の民間地権者・開発事業者の理解と協力が重要である。
- 行政内における河川・まちづくり担当部局に対する河川を活かしたまちづくりについての普及・啓発を推進していくことはもとより、シンポジウム、セミナーの開催などの広報活動を推進し、沿川の市民や事業者の意識高揚を図り、沿川でのまちづくりへの参画機運を高めていかなければならない。

河 緑

第2章 事例集

まち

## 事例地区の紹介とその連携の特徴

全国ではまちづくりと連携して整備されている河川が数多くあるが、ここでは都市内において河川を活かしたまちづくりを一体的に進めた先進的な14の事例について、その概要を紹介する。

本事例集でとりあげた事例地区は図に示すような分布になっており、連携の内容は事例地区一覧表に示す。

■事例地区位置図

| No. | 事例地区名 | 河川名 | 〔指定区分〕 | 所在地 |
|---|---|---|---|---|
| 1 | 箱崎地区 | 隅田川 | 〔一級河川 指定区間〕 | 東京都中央区 |
| 2 | 荏原市場跡地地区 | 目黒川 | 〔二級河川〕 | 東京都品川区 |
| 3 | 黒川地区・納屋橋地区・白鳥地区 | 堀川 | 〔一級河川 指定区間〕 | 愛知県名古屋市 |
| 4 | 大阪アメニティパーク | 大川〔旧淀川〕 | 〔一級河川 指定区間〕 | 大阪府大阪市 |
| 5 | 湊町リバープレイス | 道頓堀川 | 〔一級河川 指定区間〕 | 大阪府大阪市 |
| 6 | 岩崎橋地区 | 木津川・尻無川 | 〔一級河川 指定区間〕 | 大阪府大阪市 |
| 7 | 此花西部臨海地区 | 安治川〔旧淀川〕・正蓮寺川 | 〔一級河川 指定区間〕 | 大阪府大阪市 |
| 8 | 湯本第1地区 | 武庫川 | 〔二級河川〕 | 兵庫県宝塚市 |
| 9 | 都賀川公園 | 都賀川 | 〔二級河川〕 | 兵庫県神戸市 |
| 10 | JALシティ広島 | 京橋川 | 〔一級河川 指定区間〕 | 広島県広島市 |
| 11 | 古川リバーサイド地区 | 古川 | 〔一級河川〕 | 広島県広島市 |
| 12 | しんまちボードウォーク | 新町川 | 〔一級河川 指定区間〕 | 徳島県徳島市 |
| 13 | 紫川馬借地区 | 紫川 | 〔二級河川〕 | 福岡県北九州市 |
| 14 | 博多リバレイン | 博多川 | 〔準用河川〕 | 福岡県福岡市 |

■ 事例地区一覧表

| 対照番号 | 事例地区名 | 計画(※1) | 区域(※2) | 河川事業(※3) 広域 | 基盤 | 低地 | 捕ス | 環境 | 他 | 単独 | まちづくり事業(※4) 区画 | 再開 | 街路 | 公園 | 他 | 規制・誘導(※5) 地区 | 再地 | 総設 | 条例 | 整備内容 河川整備 | まちづくり |
|---|---|---|---|---|---|---|---|---|---|---|---|---|---|---|---|---|---|---|---|---|---|
| 1 | 隅田川／箱崎地区 | — | ◎ | | | | ● | | | | | | | | | | | ● | | 補助スーパー堤防整備（盛土工事） | 民間建築物、河川側への公開空地整備 |
| 2 | 目黒川／荏原市場跡地地区 | — | ◎ | | ● | | | | | | | | | | ●公 | ● | | ● | | 地下調節池の整備 | 公営住宅・福祉施設等の公的施設整備 |
| 3 | 堀川／黒川地区・納屋橋地区・白鳥地区 | ◎ | — | ●マ | | | ● | | ● | | | | ● | ● | ●住 | | | | | 護岸改修、散策路・親水広場・船着場等の整備、水質改善 | 公共施設整備、沿川建築物のダブルファサード化など |
| 4 | 大川／大阪アメニティパーク | — | ◎ | | | | | | | ●府 | | | | | ●優 | ● | | | | 船着場・親水護岸の整備 | 民間建築物、河川側への公開空地整備 |
| 5 | 道頓堀川／湊町リバープレイス | ◎ | — | | | | ● | | | | | | | | ●市 | | | | | ボードウォーク・船着場の整備 | 音楽ホール・阪神高速道路等の合築 |
| 6 | 木津川・尻無川／岩崎橋地区 | — | ◎ | | | ● | ● | | | | ●ふ | | | | ●街 | ● | | | | 補助スーパー堤防・耐震護岸・ボードウォーク整備 | 大阪ドーム周辺の高質な公共施設整備 |
| 7 | 安治川・正蓮寺川／此花西部臨海地区 | — | ◎ | | | | | | | | ●ふ | | | | ●都●港 | | | | | 補助スーパー堤防整備（盛土工事） | USJに隣接する臨港緑地・船着場（港湾） |
| 8 | 武庫川／湯本第1地区 | ◎ | ◎ | ●マ | | | | | | | | ● | ● | | | | | | ● | 親水護岸整備（民有護岸の買収） | 民間建築物、河川側への公開空地整備 |
| 9 | 都賀川／都賀川公園 | ◎ | — | | ● | | | | | | | | | | ● | | | | | 震災後の護岸復旧、親水施設整備 | 河川へのアプローチに配慮した公園整備 |
| 10 | 京橋川／JALシティ広島 | ◎ | ◎ | | | | | | | | | | | | ● | ● | | ● | ● | （河川敷地占用） | 河岸緑地と公開空地の一体的整備 |
| 11 | 古川／古川リバーサイド地区 | ◎ | ◎ | | | | | | ●直 | | | ● | | | | ● | | | | 多自然型川づくり | 沿川建築物への高さ制限等 |
| 12 | 新町川／しんまちボードウォーク | ◎ | ◎ | | | ● | | ● | | | | | | ●県 | ●高 | | | | | 護岸の修景、親水施設整備等 | 商店街によるボードウォーク整備、公園整備 |
| 13 | 紫川／紫川馬借地区 | ◎ | ◎ | ●マ | | | | | ●地 | | | | | | | | | | | 河川の拡幅、高質な環境整備 | 民間建築物、河川側への公開空地整備 |
| 14 | 博多川／博多リバレイン | ◎ | ◎ | | | | | | | ●市 | | ● | | | ●街 | | | | | 水辺テラスの設置、高質な環境整備 | 民間建築物、河川側への公開空地整備 |

※1：計画 … ◎：河川整備とまちづくりに関する一体的な計画が作成されている
※2：区域 … ◎：河川区域とまちづくり事業の区域が重複
※3：河川事業 … 広域：広域基幹河川改修事業、基盤：都市基盤河川改修事業、低地：低地対策河川事業、補ス：特定地域堤防機能高度化事業（通称・補助スーパー堤防整備事業）、環境：河川環境整備事業、他：その他の事業、単独：地方自治体の単独費による事業
　　　　　［●の下の文字…マ：マイタウン・マイリバー整備事業、直：直轄河川環境整備事業、地：地方特定河川等環境整備事業、府・県：府・県単独費事業、市：市単独費事業］
※4：まちづくり事業 … 区画：土地区画整理事業、再開：市街地再開発事業、街路：街路事業、公園：公園事業、他：その他の事業
　　　　　［●の下の文字…公：公営住宅建設事業及び特定公共賃貸住宅建設事業、住：住宅市街地整備総合支援事業、優：優良建築物等整備事業、ふ：ふるさとの顔づくりモデル土地区画整理事業、街：街並み・まちづくり総合支援事業（H12～都市再生推進事業に統合）、都：都市再生推進事業、港：港湾事業、高：高度化事業（中小企業高度化資金融資）、市：市単独費事業］
※5：規制・誘導 … 地区：地区計画制度、再地：再開発地区計画制度、総設：総合設計制度、条例：地方自治体の条例及び協議制度等

注）以降、第2章事例集において、補助スーパー堤防については、スーパー堤防と表記する。

## 事例1
# 東京都中央区 隅田川/箱崎地区

| 河川名 | 隅田川（荒川水系） |
|---|---|
| 河川の指定区分 | 一級河川（指定区間） |
| 河川管理者 | 東京都知事 |

■ 位置図

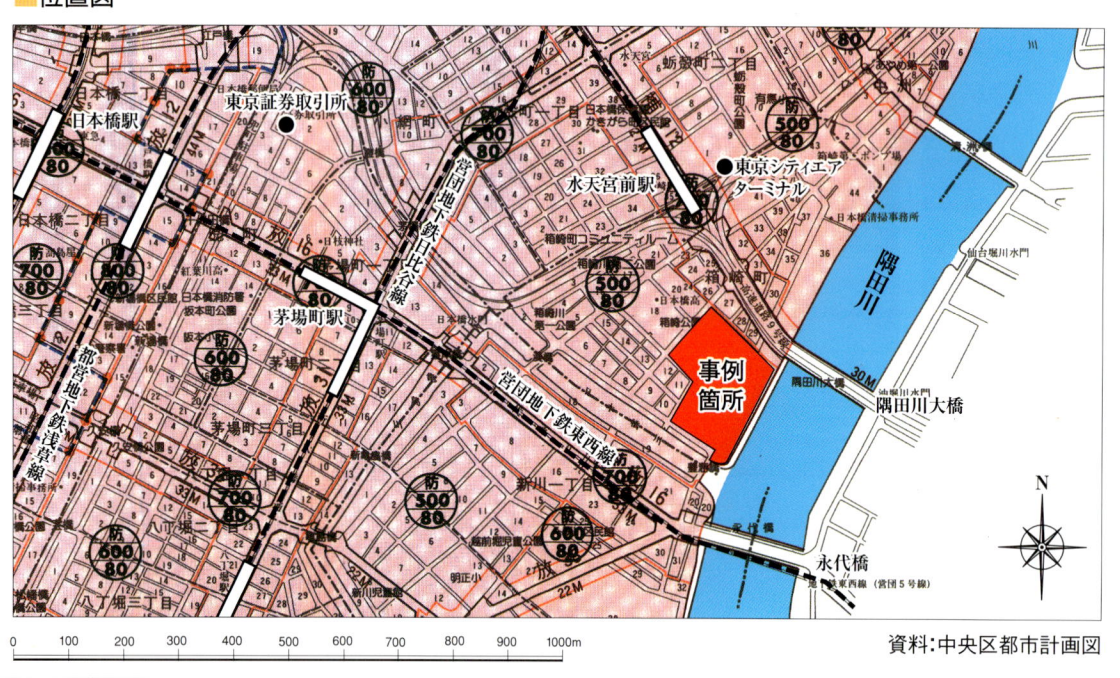

資料：中央区都市計画図

## 1 地区の概要

　隅田川は、北区から中央区まで流れる東京のシンボル的な河川で、その豊かな流れは東京の母なる川として、はるか昔から人々の文化や生活、産業に深く結びついてきた。

　江戸、明治、大正と人々に親しまれた隅田川も時代の流れとともに、戦後はその姿を大きく変えた。水質は確実に悪化し、度重なる水害から沿川住民を守るために築かれたコンクリートの堤防は、治水に高い効果をあげた反面、人と川との接触を隔ててしまった。

　東京都では昭和50年初頭から、隅田川沿いの街を潤い溢れる未来の街にすることを目的に、隅田川の堤防とその背後地一帯を新しく快適な環境に創りあげるため、各種の事業に取り組んでおり、沿川の市街地も河川を活かした新しいリバーフロント空間へと転換しつつある。その先鞭をきったプロジェクトの一つが、箱崎地区である。当地区は、東京駅からわずか2kmの距離にありながら、かつては工場や物流施設として沿川が利用されてきたが、特定地域堤防機能高度化事業と総合設計制度を組み合せ、民間事業者と協力して河川を活かしたまちづくりを進め、平成元年に完成した。

　また、この開発においては、隅田川の豊富な河川水に着目し、東京電力によって我が国初の河川水の持つ「熱」を利用した地域熱供給システムが導入されており、環境面からみた河川の新たな役割も引き出している。

## 2 事業の概要

[隅田川の沿川におけるスーパー堤防整備の概要]

東京都では、昭和49年4月の低地防災対策委員会の答申に基づき、隅田川など東部低地帯の主要河川の防潮堤・護岸を緩傾斜型堤防へ改修しており、この緩傾斜型堤防整備の一手法として、大規模な土地利用転換等と一体となってスーパー堤防整備を進めている。スーパー堤防は、幅が広く傾斜の緩い堤防で、その上部で通常の土地利用を行うことが可能である。

また、隅田川では、これらの事業の促進と水辺の早期開放を図るため、先行的にテラス整備事業を進めている。

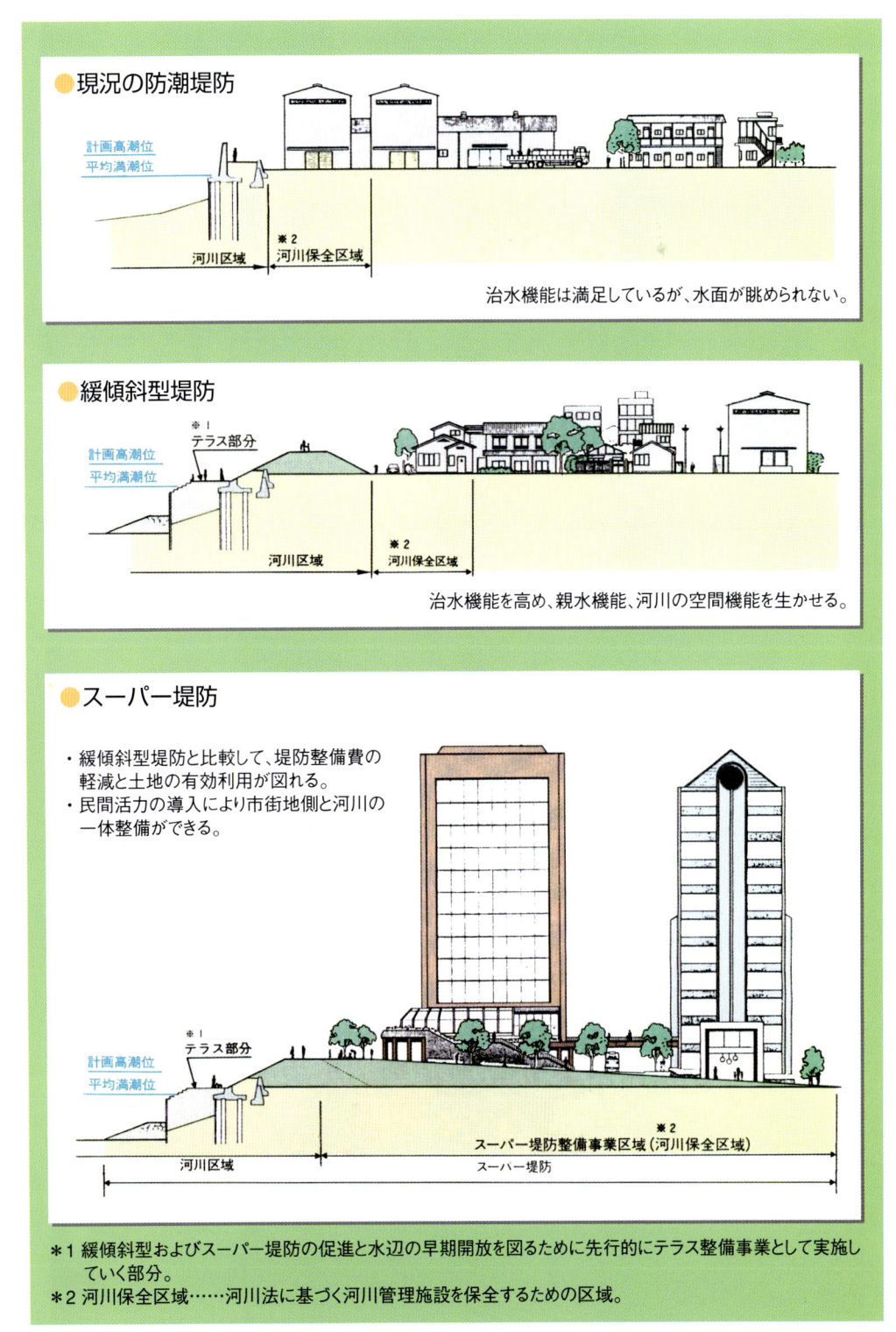

● 現況の防潮堤防

治水機能は満足しているが、水面が眺められない。

● 緩傾斜型堤防

治水機能を高め、親水機能、河川の空間機能を生かせる。

● スーパー堤防

・緩傾斜型堤防と比較して、堤防整備費の軽減と土地の有効利用が図れる。
・民間活力の導入により市街地側と河川の一体整備ができる。

*1 緩傾斜型およびスーパー堤防の促進と水辺の早期開放を図るために先行的にテラス整備事業として実施していく部分。
*2 河川保全区域……河川法に基づく河川管理施設を保全するための区域。

出典:「低地の河川」東京都建設局河川部（一部加筆）

## [河川の事業]

### ●特定地域堤防機能高度化事業（補助事業）
[事業主体：東京都、事業期間：昭和61年度～昭和63年度]

- 東京都による隅田川のスーパー堤防整備は、「特定地域堤防機能高度化事業」（盛土事業、補助率1/3）の補助を受けて進められている。
- 隅田川スーパー堤防の基本断面は下図のとおりである。

■隅田川スーパー堤防断面の一例

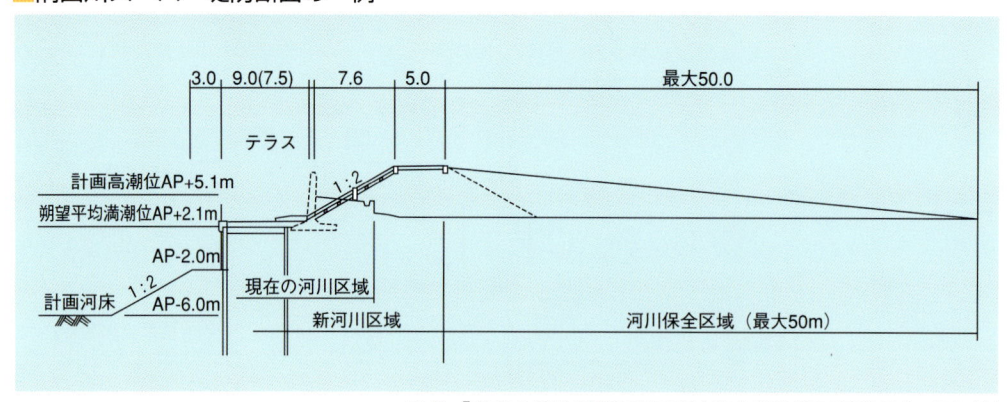

出典：「東京の低地対策河川事業」東京都建設局河川部（一部加筆）

## [まちの事業]

### ●総合設計制度

- 開発面積は約2.4haあり、整備前は三井倉庫（株）の倉庫として利用されていた。総合設計制度を適用し、地上25階、地下3階のオフィスビル（三井倉庫箱崎ビル）と、1棟の都市型住宅を開発したものである。

- 市街地環境の整備改善に資すると認められる建築物の容積率等を緩和する制度である総合設計制度のうち、良質な住宅の供給を図ることを目的とする「市街地住宅総合設計*」を適用している。
  *市街地住宅総合設計：市街地住宅の供給の促進に資することを目的として、住宅の用途に供する部分の床面積の合計が敷地面積に割増し容積率を乗じて得た数値以上である建築計画に適用する総合設計

- 基準容積率は501.60％であるが、総合設計制度の適用により、約1.0haの公開空地の確保及び公共施設（河川水を利用した地域熱供給システム等）の整備による容積率の割増し85.34％が認められ、利用可能な容積率は586.94％となった。

- なお、スーパー堤防の整備にともない民有地に河川区域が設定されたが、この部分（約0.1ha）についても、公開空地として同様にカウントされている。

## 3 一体的整備の特徴

　スーパー堤防の整備に伴い河川区域は拡大するが、この拡大部分の用地を民有地のままとし、公開空地に含めることで、事業者が総合設計制度による容積割増しを受けた。

　スーパー堤防の整備は沿川開発との一体的な事業化が基本となることから、東京都ではそれぞれの地区ごとに、河川管理者と地権者との間で、土地の使用や事業実施に関する合意書（書式は共通）を締結することとしている。

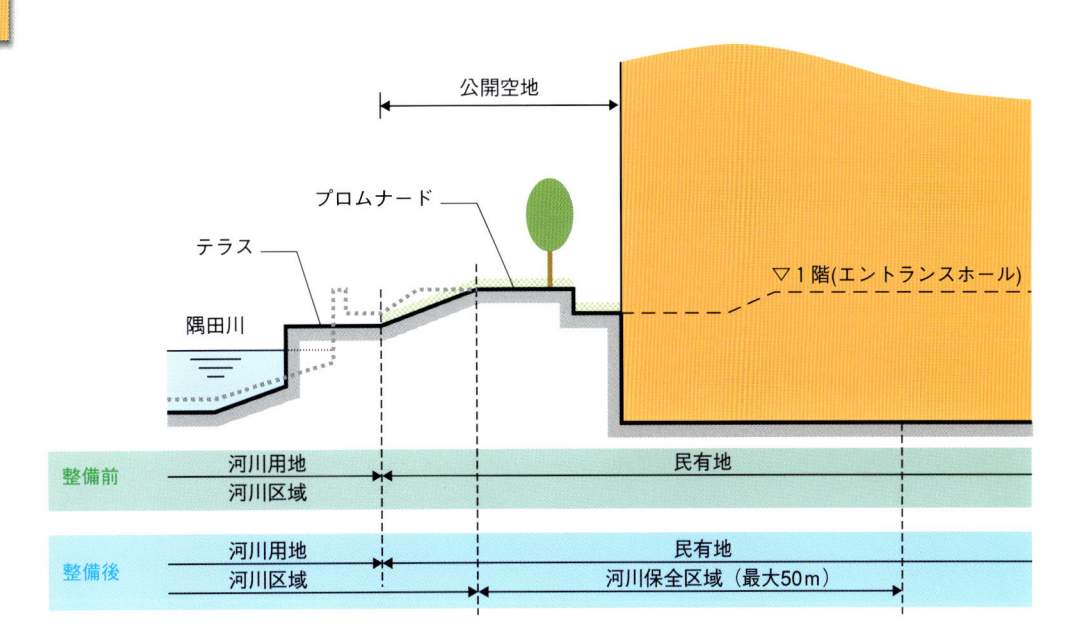

| 項　目 | | 河川とまちの分担 |
|---|---|---|
| 河川区域および権原の設定 | | ・河川区域≠河川用地<br>　＊スーパー堤防の整備にあわせ民有地に河川区域が設定され、その部分については分筆登記される。<br>・河川区域から最大50mの河川保全区域を設定 |
| まちづくり上の区域設定 | | ・民間開発事業区域は、河川区域を除く民有地内で設定 |
| 費用負担 | 用地費 | ・河川区域内の民有地は、河川管理者が無償使用<br>　＊隅田川でスーパー堤防を整備するときは、河川管理者と地権者の間で、施行に関する合意書を交わす。 |
| | 整備費 | ・最大50mの河川保全区域までの盛土工事は河川管理者［特定地域堤防機能高度化事業―補助事業］<br>・河川区域外の上面整備は民間事業者 |
| | 維持管理費 | ・河川区域内は河川管理者、河川区域外は民間事業者 |
| 河川区域の占用 | | ・占用はなし |
| 民間事業者へのインセンティブ | | ・河川区域内の地方税（固定資産税及び都市計画税）は非課税<br>・拡大された河川区域は民有地のままなので、総合設計の公開空地として評価し容積率割増しを受けることが可能 |

## 4 一体的整備による効果と今後の展開

### ［一体的整備による効果］

　隅田川沿川地域において、大規模な民間開発と一体的にスーパー堤防の整備を行った事例は、当地区以外にもすでにいくつかある。河川に背を向けていたまちを河川側に開放したことは、新しい水辺空間、都市空間づくりへの効果が大きい。

● 河川整備上の効果
- 治水機能を高め、親水機能、河川の空間機能を活かせる。
- 緩傾斜型堤防と比較して、堤防整備費の軽減と土地の有効利用が図れる。

● まちづくり上の効果
- 河川沿いに良好なオープンスペースが整備され、市民の憩いの場が形成された。
- 市街地の再構築と耐震対策が同時に進み、まちの安全性が高まった。

● 民間事業者のメリット
- スーパー堤防整備に伴い新たに河川区域となる用地を売却しないことで、その部分についても公開空地として総合設計の容積割増しの対象となった。
- 河川区域が設定された部分に対する地方税は非課税となる。
- 水辺と一体となった良好な空間が整備されたことにより、オフィスビルとしての価値が高まり良いテナントを得ることができた。

### ［今後の展開の可能性］

- 東京都の隅田川沿川におけるスーパー堤防整備は、民有地における河川区域の地方税を非課税とするなど、河川との柔軟な区域設定により、民有地での事業を促進する工夫がなされている。密集市街地における河川管理施設の整備など、民有地の活用が有効である場合もあり、展開の可能性は高いと考えられる。
- 他の地域でこれを活用するためには、スーパー堤防以外の場合ではどこまで柔軟な区域設定ができ、河川区域内における民間事業者の権利をどこまで認めるかを明確にした上で、さらに、民間事業者に対し、どのようなインセンティブを与えることが可能か、といった検討が求められる。
- また、スーパー堤防の整備は大規模な土地利用転換にあわせて実施される。しかしながらバブル崩壊後、最近は民間マンション開発などの際に、河川との調整及び手続きにかかる時間が制約となったり、開発時期にスーパー堤防施工時期が合わず、協議がまとまらないといった事例も出ていることから、手続き及び施工の迅速化もポイントとなっている。

## 5 事例写真

箱崎地区［整備前］

箱崎地区［整備後］

倉庫会社の業務転換により、住宅棟及び業務棟の建築と一体となってスーパー堤防の整備を行った。

出典：「低地の河川」東京都建設局河川部

出典：パンフレット「箱崎地区」東京電力（株）

事例1　東京都中央区●隅田川／箱崎地区

問い合わせ先
東京都 建設局 河川部 計画課 低地対策係：Tel.03-5320-5413

## 事例2
# 東京都品川区 目黒川/荏原市場跡地地区

| 河川名 | 目黒川 |
|---|---|
| 河川の指定区分 | 二級河川 |
| 河川管理者 | 東京都知事 |

■ 位置図

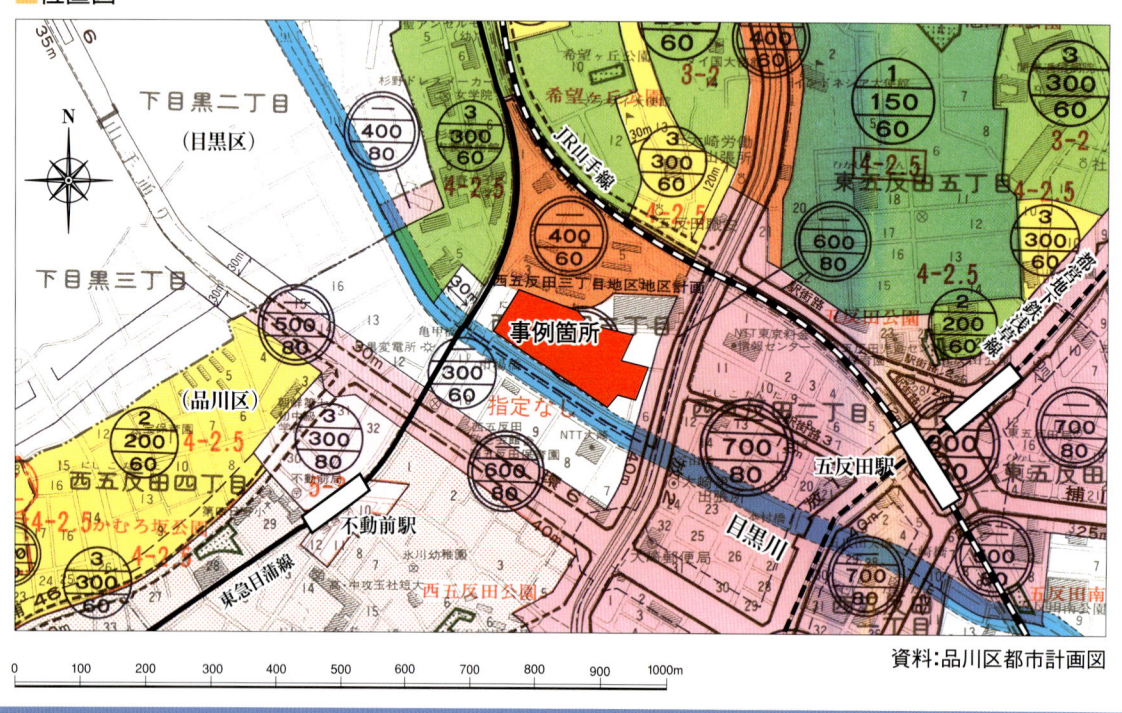

資料：品川区都市計画図

## 1 地区の概要

　目黒川は、烏山川と北沢川が合流する世田谷区池尻3丁目を上流端とし、途中、蛇崩川を合わせ、品川区の地先で東京湾に注ぐ。戦前の改修工事は大正12年から昭和14年にかけて実施された。戦後、水害が多発し、50 mm/hr対応の必要が出てきたことから、昭和53年から高潮対策事業と中小河川改修事業を並行して整備を進めている。

　目黒川中流部の荏原市場跡地（約18,900 ㎡）は、五反田駅から約500 m西に位置し、周辺には主に製造系企業の事務所や工場、社宅等が立地し、密度の高い市街地となっている。

　平成元年8月の水害により、荏原市場跡地付近からJR五反田駅付近にわたり、多大な浸水被害（47.5 ha、853棟）を受けた。しかし下流部の五反田地区の橋は交通量が非常に多く、架け替えに長期間を要することから、中・下流部の洪水による被害を早期に軽減し、全川の治水安全度を向上させるために、荏原市場跡地に地下調節池を設置することとなった。

　跡地は都市内の貴重な空間であることから、地下調節池の上部に公営住宅、福祉施設等の公共施設を建設し、複合的な利用を図っている。

## 2 事業の概要

目黒川沿いの荏原市場跡地の一部を立体的に活用し、治水機能向上のための大規模な地下調節池と、まちづくりにおいて必要とされる公共公益施設をそれぞれの事業者が協調して一体的に整備している。

### [河川の事業]

● 低地対策河川事業（補助事業）
［事業主体：東京都、事業期間：平成3年度～平成14年度］

- 目黒川の治水機能向上のために、低地対策河川事業（都市河川総合整備事業）の補助を活用し、20万m³の地下調節池を整備した。
- 地下調節池は4層に分かれており、上層から順次洪水が溜まる構造となっている。
- 調節池の上部に建築物が整備されるため、調節池の構造は、上部の建物の基礎構造を兼ねている。

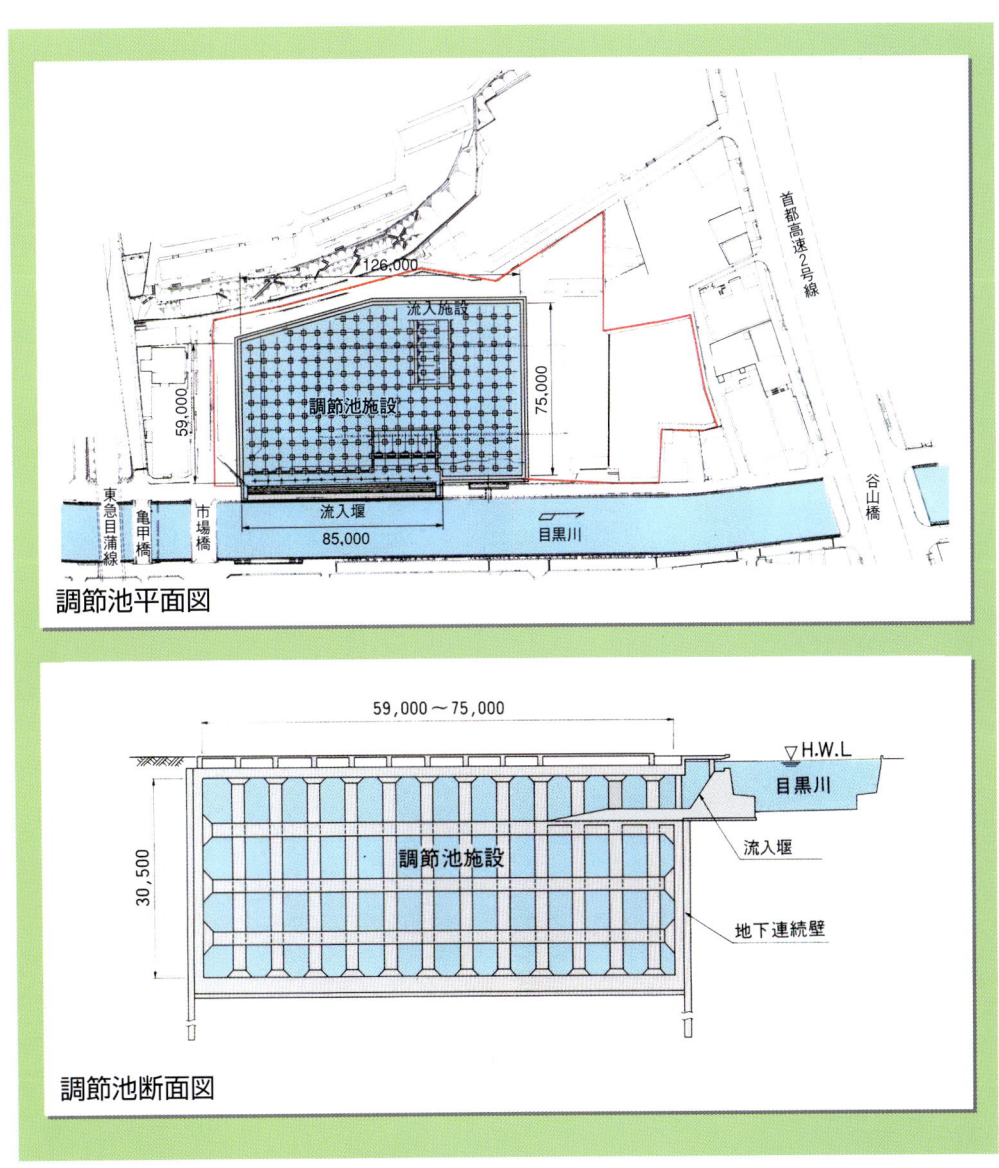

調節池平面図

調節池断面図

出典：パンフレット「目黒川荏原調節池」東京都第二建設事務所（一部修正）

[まちの事業]

- 荏原市場跡地の敷地をA、B、C地区の3つに分割し、上部には、東京都・品川区がそれぞれ施設を整備するとともに、B、C地区の地下部分に調節池が設置された。

- A地区は、品川区が東京都から用地取得し、総合設計制度を適用して、地上31階建て、400戸の超高層棟の区民住宅を整備する計画である。平成13年3月着工、平成16年3月末完成を予定している。

- 調節池上部のB地区では、東京都が調節池の管理施設とともに87戸の都営住宅を平成13年度までに整備し、平成14年度に開設した。

- 同じく調節池上部のC地区は、品川区が地上権を取得し、高齢者施設（社会福祉法人設置運営）の他、区民住宅98戸や地域センター、店舗等の複合施設の整備を進めている。建物は高・低層棟の2棟に分かれている。平成13年11月着工、平成15年12月完成を予定している。

■上部施設の全体配置図

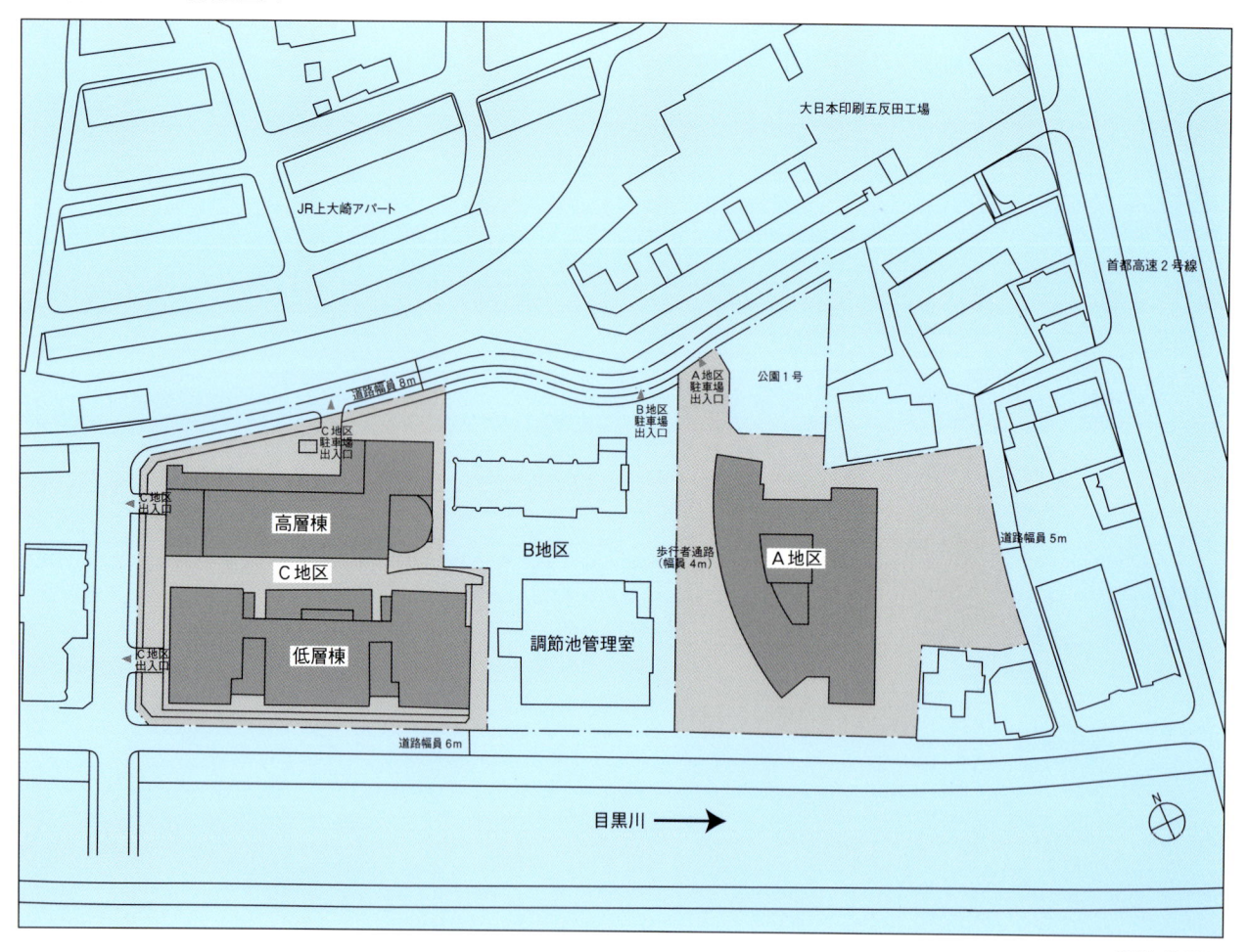

資料：品川区

## ■目黒川荏原調節池と複合施設開発計画
- 敷地面積：約 18,900 ㎡（東京都中央卸売市場荏原市場跡地）
  * A 地区…約 5,700 ㎡　　B 地区…約 4,700 ㎡　　C 地区…約 6,500 ㎡
- 跡地利用計画：以下の施設を合築方式により設置

| 施設名 | 主な施設 | 施行主体 | 費用負担 | 備考 |
|---|---|---|---|---|
| 河川管理施設 | 地下調節池本体、流入堰、護岸、管理用通路等 | 都建設局 | | |
| | 調節池管理室 | 都住宅局 | 都建設局 | 都営住宅と合築 |
| 東京都住宅施設 | 都営住宅 | 住宅局 | | |
| 品川区施設 | 区民住宅、高齢者施設等 | 品川区 | 品川区 社会福祉法人 | 調節池上部 |
| | 区民住宅 | 品川区 | | |
| 地区施設 | 道路、公園、歩行者通路 | 品川区 | 品川区 都建設局 都住宅局 | |

資料：東京都

- 公営住宅整備事業（補助事業）
  [事業主体：東京都、事業期間：平成 11 年度〜平成 13 年度]
  ・東京都住宅局が事業主体となって都営住宅 87 戸を整備する B 地区では「公営住宅建設事業」（補助率 1/2）を利用している。

- 特定公共賃貸住宅建設事業（補助事業）
  [事業主体：品川区、事業期間：平成 12 年度〜平成 15 年度]
  ・品川区が事業主体となる A・C 地区の区民住宅 498 戸の整備については、「特定公共賃貸住宅建設事業」（補助率 1/3）を利用している。

- 西五反田三丁目地区地区計画 [都市計画決定：平成 8 年 5 月（品川区決定）]
  ・当地区は「西五反田三丁目地区地区計画」の区域（約 9.4 ha）に含まれ、道路、公園、歩行者通路は、地区施設として位置づけられている。また、建築物の壁面位置の制限について、道路側は 2 m、河川側は 1 m のセットバックが盛りこまれている。
  ・誘導容積型の地区計画で、インフラが未整備の場合には容積率 300 ％に抑えられているが、整備されれば、基準容積率である 400 ％まで利用可能になる。当地区では、施設開発にあわせて道路・公園等の地区施設の整備を行うことにより 400 ％まで利用可能である。

- 総合設計制度
  ・A 地区では、総合設計制度（市街地住宅総合設計制度）の適用により斜線制限の緩和と 180 ％の容積率の割増しが認められ、利用可能な容積率は約 580 ％となった。

## ■A 地区の容積率の考え方

指定容積率 400 ％ → 地区計画（誘導容積型）300 ％（基盤未整備段階）／400 ％（基盤整備段階） → 総合設計制度（市街地住宅総合設計制度）580 ％

## 3 一体的整備の特徴

荏原市場跡地地区の整備の特徴は、公有地の大規模跡地を治水機能の向上や福祉施設の充実、都心居住の推進などの目的に沿って複合的に高度利用を行ったことがあげられる。

河川立体区域制度（上部の建物が完成時に設定を予定）を活用して、複合的な利用に対して権原を明確にするとともに、それぞれの費用負担についても一定のルールのもとにアロケーションを行っている。以下に地下調節池の整備されるB地区を想定し、一体的整備の特徴を整理する。

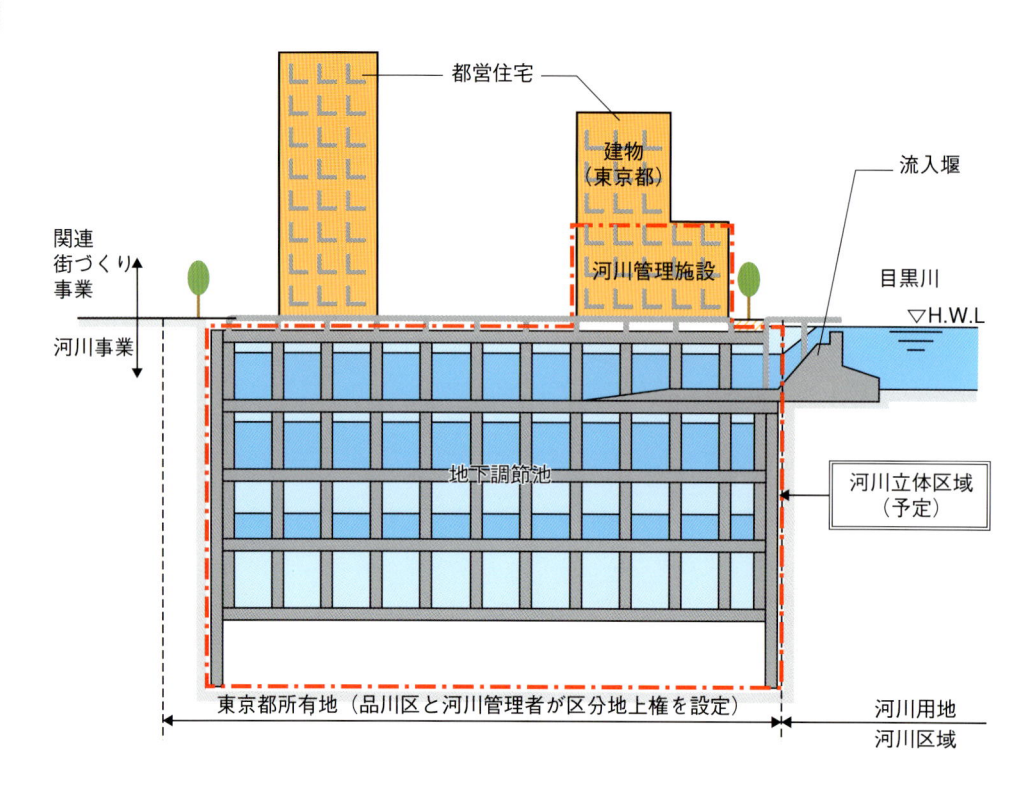

図中ラベル：都営住宅／建物（東京都）／流入堰／関連街づくり事業／河川事業／河川管理施設／目黒川／▽H.W.L／地下調節池／河川立体区域（予定）／東京都所有地（品川区と河川管理者が区分地上権を設定）／河川用地／河川区域

| 項目 | | 河川とまちの分担 |
|---|---|---|
| 河川区域および権原の設定 | | ・目黒川は、整備前と同様、河川区域＝河川用地<br>・地下調節池には「河川立体区域」を設定する予定<br>・荏原市場跡地のうち、地下調節池のあるB・C地区は、東京都の所有地<br>　＊C地区の土地については、品川区が高齢者施設等の複合施設を整備するため、品川区が地上権を設定している。 |
| まちづくり上の区域設定 | | ・目黒川の河川区域と事業区域の重複はなし |
| 費用負担 | 用地費 | ・地下調節池は都有地の使用承認 |
| | 整備費 | ・地下調節池の整備費は河川管理者<br>　［低地対策河川事業（都市河川総合整備事業）―補助事業］<br>・上部の建物はそれぞれの施設管理者 |
| | 維持管理費 | ・地下調節池は河川管理者<br>　（内部の清掃等は、都の公園協会に委託）<br>・上部の施設はそれぞれの施設管理者を予定 |
| 河川区域の占用 | | ・占用はなし |

## 4 一体的整備による効果と今後の展開

[一体的整備による効果]

　荏原調節池の整備は、河川沿いの大規模施設跡地の有効活用にあたって、河川の治水機能の強化を住宅建設などのまちづくりと複合させたユニークな事例である。

　公有地であったため跡地利用計画の調整が図られ易かったことはあるが、この整備方式は河川沿いの民有地開発にも応用していくことが期待できる。

● 河川整備上の効果
- 用地取得の困難な高度に市街地化した地域において、河川立体区域制度（設定予定）を活用することにより、住宅施設の地下を調節池として整備し、治水安全度を向上することができた。

● まちづくり上の効果
- 調節池の上部利用を行うことで、土地の有効活用が推進される。
- 都市防災機能が向上し、安全なまちづくりが実現できる。
- 市場から新しい都市拠点に再生され、まちの魅力が向上する。

[今後の展開の可能性]

- 市街化の進んだ都市内の河川にあっては、用地買収によって河道を拡幅、整備していくことは次第に困難になりつつあるため、調節池整備によって治水機能の向上を図る必要性も増してくることが想定される。

- 河川整備にあたって調節池の整備が可能な地区は限定されるものの、河川立体区域制度を活用した河川管理施設との複合利用によって、河川沿いの土地の有効活用、まちづくりが推進される。

- 都市再生の一つとして市街地内の工場跡地等の有効活用が挙げられているが、跡地が河川沿いに分布している場合も多く見られる。沿川での跡地再生にあたって、商業施設や都市型住宅等の開発だけでなく、都市防災、治水、環境など河川整備の視点からも検討し、総合的な都市再生を目指していくことが望まれる。

## 5 事例写真

[整備前]

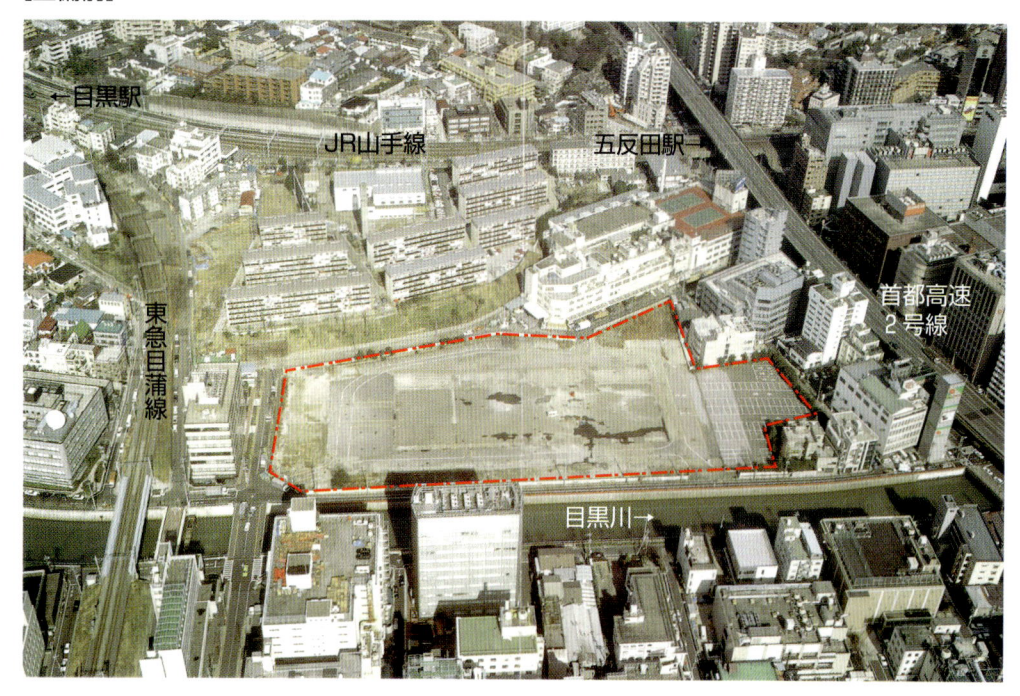

目黒駅← / JR山手線 / 五反田駅 / 首都高速2号線 / 東急目蒲線 / 目黒川→

出典：パンフレット「目黒川荏原調節池」東京都第二建設事務所（一部加筆）

[整備イメージ]

C地区　B地区　A地区

資料：品川区

問い合わせ先
東京都 建設局 河川部 計画課 中小河川係：Tel.03-5320-5414
品川区 総務部 都市開発課：Tel.03-5742-6761

## 事例3
# 愛知県名古屋市
# 堀川/黒川地区・
# 納屋橋地区・白鳥地区

| 河川名 | 堀川（庄内川水系） |
|---|---|
| 河川の指定区分 | 一級河川（指定区間） |
| 河川管理者 | 愛知県知事 |

■位置図

黒川地区　　　納屋橋地区　　　白鳥地区

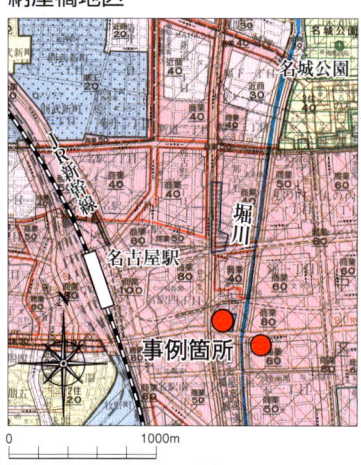

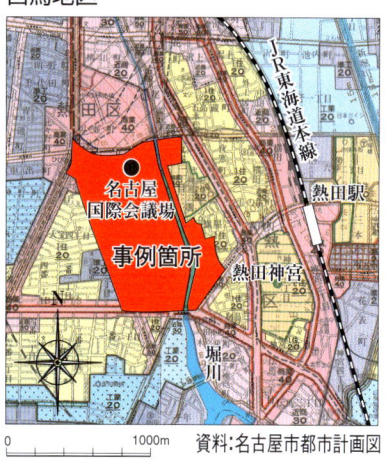

資料：名古屋市都市計画図

## 1 地区の概要

　名古屋市の中心部を南北に流れる堀川は、1610年の名古屋城の築城と同時に開削され、以来、生活物資の輸送路や市民のいこいの場として、街の発展を支えてきた「母なる川」である。また、都市景観の基本軸とあわせて、都市アメニティの重要な要素ともなっており、大きな可能性をもっている。この堀川は、名古屋市の東、中、熱田の各区の全域と、北、西、千種、昭和、瑞穂、港の各区の一部区域、計約52km²（新堀川を含む。市域の16％）の流域面積をもつ都市河川である。

　沿川の土地利用は、下流域は工場や倉庫が大部分を占める工業地区、中流域は木材関連の事業所、マンション及び商業業務施設よりなる密集市街地、上流域は低層住宅を主とした住宅地区になっている。とくに中流域は名古屋市の中枢部であり、土地の高度利用が進み、中高層建物が川沿いいっぱいまで堀川に背を向けた状態で建っているため、人々が水辺に近づけない状況になっている。

　堀川では水質の悪化が進み、沿岸のかつての活気も失われ、また街の発展に伴い、従来にも増して治水上の役割が求められている。平成12年9月の集中豪雨による水害は、記憶に新しいところである。昭和初期につくられた護岸は老朽化してきており、早期の整備が求められている。

　こうした中で名古屋の「母なる川」堀川を再生させようとする気運、堀川を活かしたまちづくりを進めようとする気運が市民の間に高まり、昭和63年6月にマイタウン・マイリバー整備事業の指定を受け、名古屋市が事業推進主体となって名古屋市制百周年記念事業のひとつとして堀川総合整備が進められている。

## 2 事業の概要

[マイタウン・マイリバー整備事業]

堀川総合整備は、昭和61年に都市小河川事業（現・都市基盤河川改修事業）に新規採択され、名古屋市によって昭和63年から改修事業に着手されていた。マイタウン・マイリバー整備事業の創設にともない、昭和63年6月に第一号に指定され、平成元年3月に堀川総合整備構想が策定された。

これを受けて一元的な取り組みを行うために、平成元年6月には市土木局河川部に「堀川総合整備室」を設置して具体的な検討に入り、平成4年1月にマイタウン・マイリバー整備計画が認定され、本格的な事業に着手されている。

マイタウン・マイリバー整備事業の整備対象区間は、堀川の黒川樋門から堀川口防潮水門間の約14.6kmを対象とし、名古屋市を事業主体とする約2,300億円の事業である。

この整備計画においては、河川改修に合せて行う水辺空間整備について、①水辺環境改善による都市魅力の向上、②沿川市街地の活性化、③名古屋市における南北方向の都市軸の形成を基本方針として定め、沿川を5ゾーンに区分してそれぞれ特徴ある整備の方向を示している。

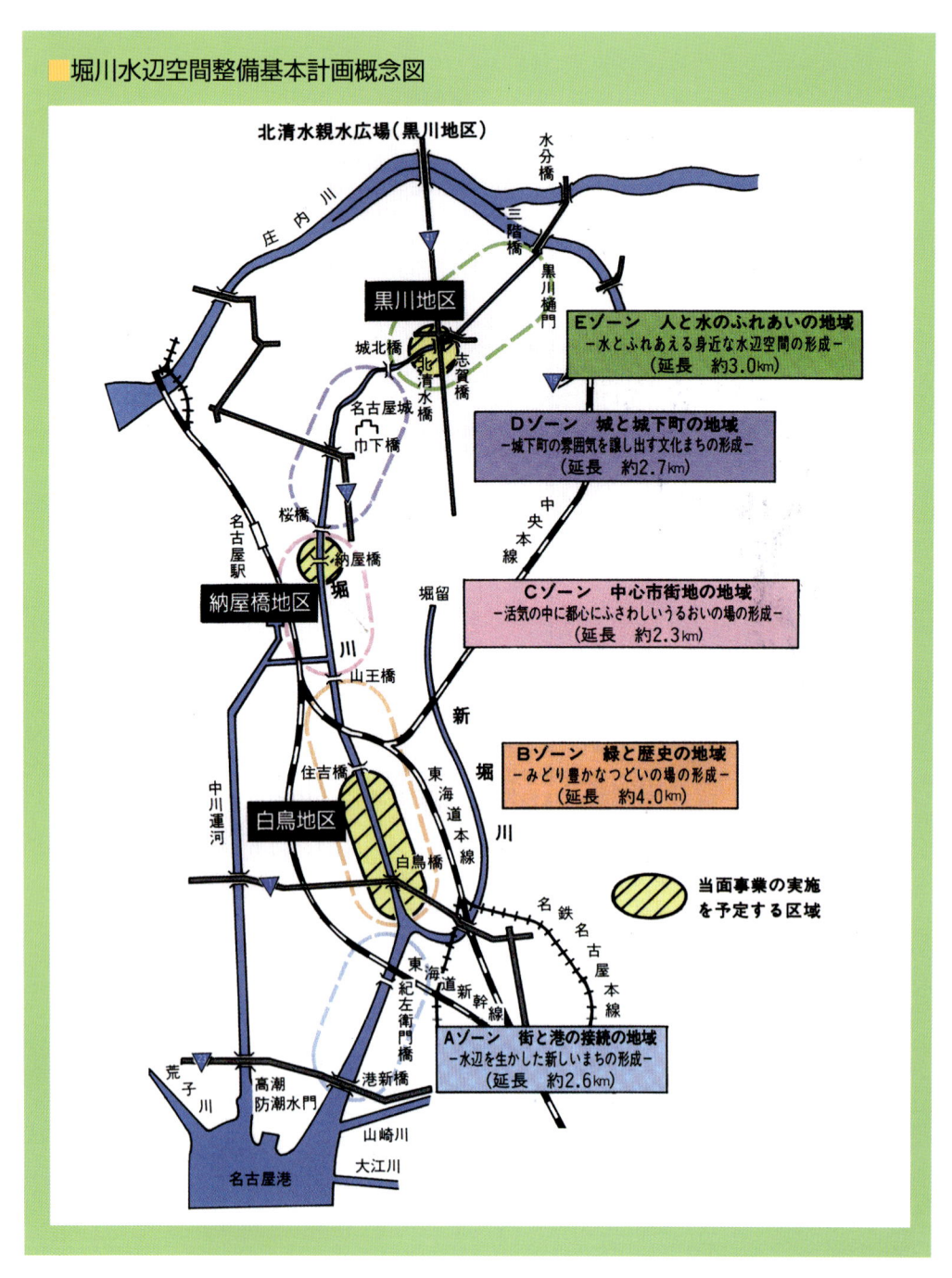

■堀川水辺空間整備基本計画概念図

Eゾーン　人と水のふれあいの地域
－水とふれあえる身近な水辺空間の形成－
（延長　約3.0km）

Dゾーン　城と城下町の地域
－城下町の雰囲気を醸し出す文化まちの形成－
（延長　約2.7km）

Cゾーン　中心市街地の地域
－活気の中に都心にふさわしいうるおいの場の形成－
（延長　約2.3km）

Bゾーン　緑と歴史の地域
－みどり豊かなつどいの場の形成－
（延長　約4.0km）

Aゾーン　街と港の接続の地域
－水辺を生かした新しいまちの形成－
（延長　約2.6km）

出典：「タウンリバー堀川」名古屋市緑政土木局堀川総合整備室

重点整備地区として、先行的に事業を実施していく地区としては黒川、納屋橋、白鳥の3地区が抽出され整備が進められているが、さらに第II期事業地区として、2010年の整備概成を目標に松重地区（市指定文化財松重閘門）と名城地区（2010年は築城400年）の2地区が検討されている。

　重点整備地区の整備方針は以下のとおりで、河川改修にあわせて道路、公園、橋梁や市街地の整備を総合的に行い、魅力的な水辺空間の創出をめざしている。

(1) 黒川地区（延長約0.6km）：都市計画道路東志賀町線との一体的な整備が望まれる地区
- 北清水橋付近の回船場を生かした親水広場の整備
- 河川と隣接する歩道と水辺の一体化を図り、ゆとりある遊歩道の整備

(2) 納屋橋地区（延長約0.4km）：東西の都心軸の交点にあり、再開発の機運が高まっている地区
- 橋詰などの親水広場（リバースクエア）や遊歩道（リバーウォーク）を整備し、水辺に容易に近づけるとともに、川沿いを散策できるように整備
- 再開発事業の実施にあわせて、河川と沿川市街地が一体となった魅力ある親水空間づくり

(3) 白鳥地区（延長約2.6km）：国際交流都市づくりのコンベンション拠点形成に資する地区
- 宮の渡し、大瀬子公園、南堀川端公園を結びながら楽しく歩くことのできる水辺の散策路の整備
- 白鳥公園や記念広場との調和に配慮した親水性の高い護岸や散策路の整備

## ［河川の事業］

- **都市基盤河川改修事業（補助事業）**［事業主体：名古屋市、事業期間：昭和61年度〜］
  ・名古屋市が事業主体となって沿川のまちづくりと一体となった護岸の改修、散策路等の整備、親水広場整備、船着場の整備（名古屋港管理組合の事業）など質の高い水辺空間整備を重点整備地区で実施している。

- **河川環境整備事業（補助事業）**［事業主体：名古屋市、事業期間：平成6年度〜］
  ・堀川の水質改善のために、ヘドロ除去、浄化用水の導入などの河川環境を整備している。

## ［まちの事業］

（黒川地区）

- **街路事業（補助事業）**
  ［事業主体：名古屋市、事業期間：昭和54年度〜平成13年度］
  ・堀川沿いの都市計画道路東志賀町線を護岸改修とあわせて、一体的な断面計画としてゆとりあるプロムナードを整備した。対岸の回船場を再活用した親水広場とともに、河川沿いの空間が創出された。

（納屋橋地区）

- **市街地再開発事業（予定）**
  ・納屋橋東地区（約2.6ha）において、堀川を含めた組合再開発事業が構想されたが、権利者調整が長引き、一方で堀川の整備が先行したため、事業区域の変更を予定している。

（白鳥地区）

- **住宅市街地整備総合支援事業（補助事業）**
  ［事業主体：名古屋市、事業期間：昭和62年度〜］
  ・名古屋市が事業主体となり、堀川をはさんで白鳥地区約106haを対象にして、道路・公園などの都市基盤整備と都市型住宅の供給をした。堀川についても住宅市街地整備総合支援事業（以下、住市総事業）との計画調整を図り、沿川の公園と一体的に親水護岸を整備した。

- 都市公園事業（補助事業）
  [事業主体：名古屋市、事業期間：昭和57年度～平成9年度]
  ・堀川を横断し、白鳥公園と熱田神宮公園とを結ぶ人道橋 ― 熱田記念橋 ― が整備された。

■住宅市街地整備総合支援事業公共・公益施設整備計画図

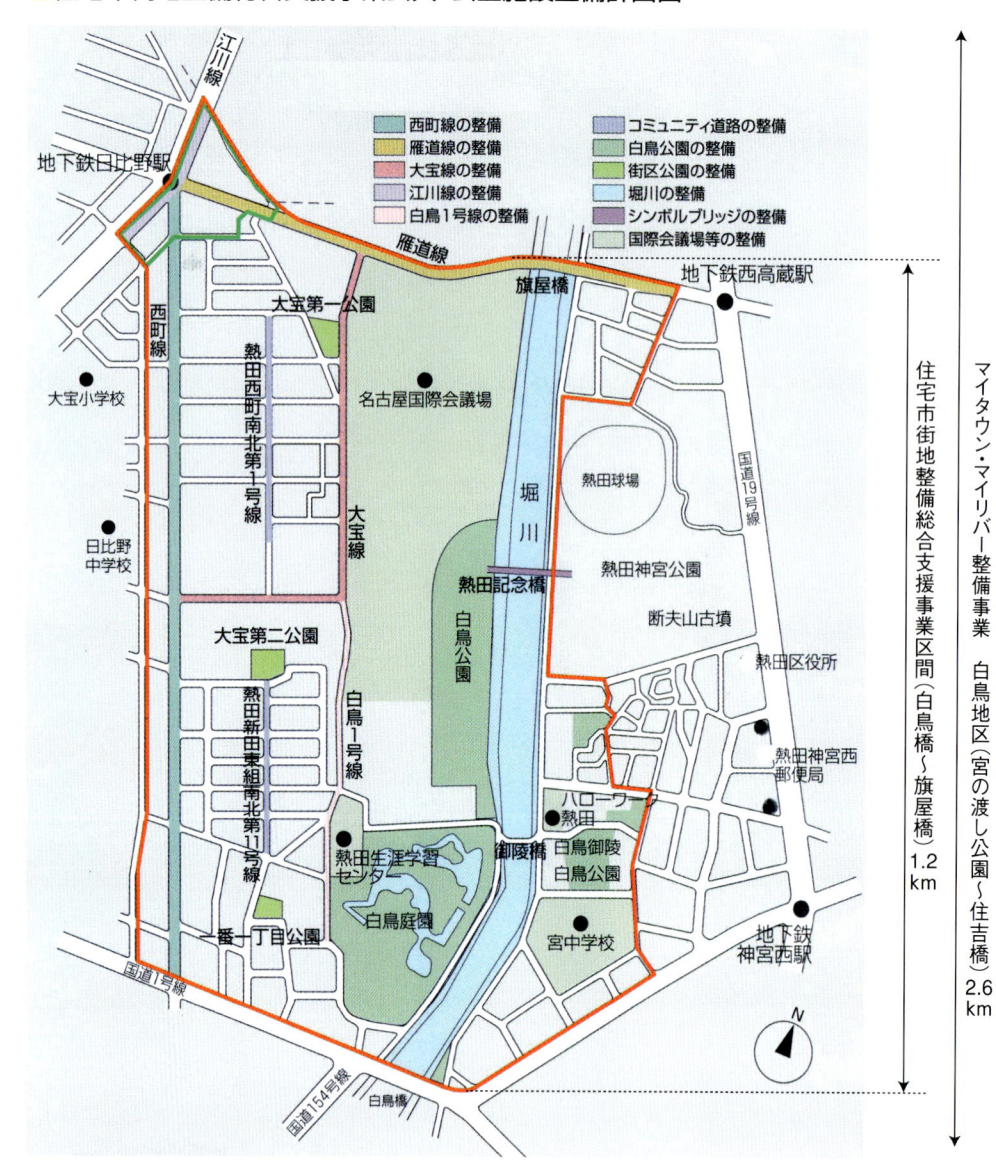

注）堀川は住市総事業と計画調整を図ったうえで、別途マイタウン・マイリバー整備事業（都市基盤河川改修事業）として整備

出典：パンフレット「水と緑と未来の街 白鳥」名古屋市（一部加筆）

## 3 一体的整備の特徴

●黒川地区

　黒川地区の左岸側は、名古屋〜犬山間の舟運が盛んであった頃の回船場を利用して、市民が堀川に近づき、憩いの場となる北清水親水広場を、都市基盤河川改修事業を活用して整備している。ボードウォークや歴史を感じさせるデザインで、都市のポケットパーク的役割を果たしている。

　右岸側は、堀川に平行して都市計画道路の整備が進められたが、歩道部分を河川沿いのプロムナードと一体的にデザインし、緑のゆったりとした歩行空間を整備している。

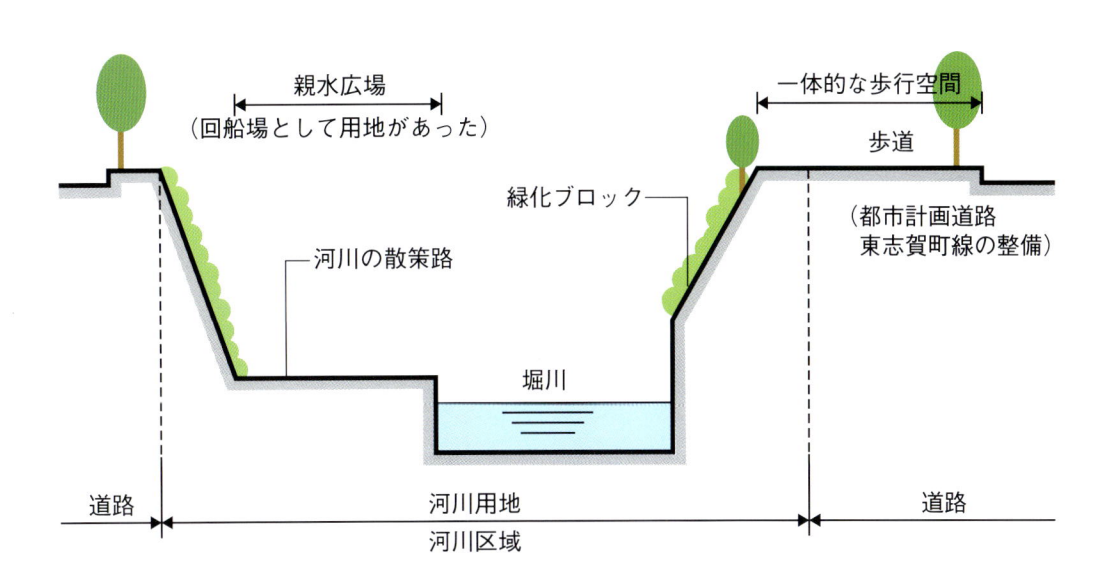

| 項　目 | | 河川とまちの分担関係 |
|---|---|---|
| 河川区域および権原の設定 | | ・河川区域＝河川用地 |
| まちづくり上の区域設定 | | ・河川区域との重複はなし |
| 費用負担 | 用地費 | ・用地買収はなし<br>＊親水広場部分は回船場としての河川用地であった。 |
| | 整備費 | ・河川区域については愛知県知事が河川管理者であるが、事業は名古屋市が実施<br>[都市基盤河川改修事業―補助事業]<br>・右岸側は都市計画道路と事業調整、同時期に整備 |
| | 維持管理費 | ・河川管理は河川管理者<br>・維持費は名古屋市 |
| 河川区域の占用 | | ・親水広場の占用は行っていない |

● 納屋橋地区

　堀川の納屋橋地区は、名古屋駅と栄地区を結ぶ中間に位置する都心にあり、高度な土地利用がなされている。

　河川整備の特徴として、第一は親水空間を利用して船着場を整備したことである。このことにより、屋形船の運航などにも活用し、都心活性化に寄与していくものである。

　第二の特徴としては、河川と道路の両方に顔を向けたダブルファサードの新しい河畔空間づくりに成功したことである。堀川沿いの民有地で商業施設の開発が企画され、事業者側から河川に顔を向けたまちづくりの意向が示されたことから、護岸改修と開発のタイミングを合わせるとともに、河川管理用通路を整備した。

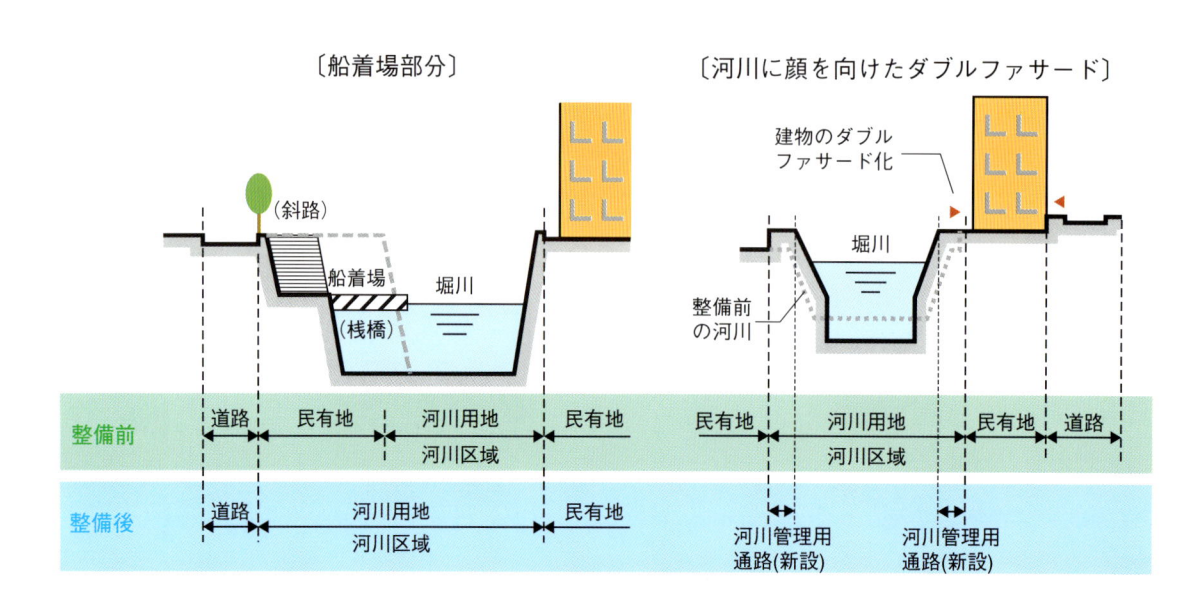

〔船着場部分〕

| 項　目 | | 河川とまちの分担関係 |
|---|---|---|
| 河川区域および権原の設定 | | ・河川区域＝河川用地<br>・用地を買収し、河川区域を船着場として拡大 |
| まちづくり上の区域設定 | | ・河川区域との重複はなし |
| 費用負担 | 用地費 | ・名古屋市（河川）による買収 |
| | 整備費 | ・名古屋市（河川）による整備<br>［都市基盤河川改修事業－補助事業］ |
| | 維持管理費 | ・河川管理は河川管理者<br>・維持費は名古屋市<br>・船着場施設の管理は名古屋港管理組合 |
| 河川区域の占用 | | ・船着場は占用<br>（名古屋港管理組合） |

〔河川に顔を向けたダブルファサード〕

| 項　目 | | 河川とまちの分担関係 |
|---|---|---|
| 河川区域および権原の設定 | | ・河川区域＝河川用地<br>・河川断面を改修し、河川管理用通路の整備 |
| まちづくり上の区域設定 | | ・河川区域との重複はなし |
| 費用負担 | 用地費 | ・河川区域変更なし |
| | 整備費 | ・名古屋市（河川）による整備<br>［都市基盤河川改修事業－補助事業］ |
| | 維持管理費 | ・河川管理は河川管理者<br>・維持費は名古屋市 |
| 河川区域の占用 | | ・占用はなし |
| 民間事業者へのインセンティブ | | ・河川管理用通路の整備により、河川空間の魅力が向上<br>・河川管理用通路からの出入可能 |

● 白鳥地区

　白鳥地区は、前出の施設整備計画図に示したように堀川を含めて住宅市街地整備総合支援事業が展開されている。

　河川の整備は、この事業の総合的な計画の中で、デザインや整備範囲などの調整がなされ、河川改修事業がその一部を担って実施された。

　沿川の公園と一体的にデザインされ、都市基盤河川改修事業を活用して、親水性のある護岸整備やプロムナード、船着場など、質の高い施設整備がなされている。

　河川用地の拡張が必要な部分については、用地買収によって対応され、また両岸の白鳥公園と熱田神宮公園を結ぶ熱田記念橋は、都市公園事業によって整備されている。

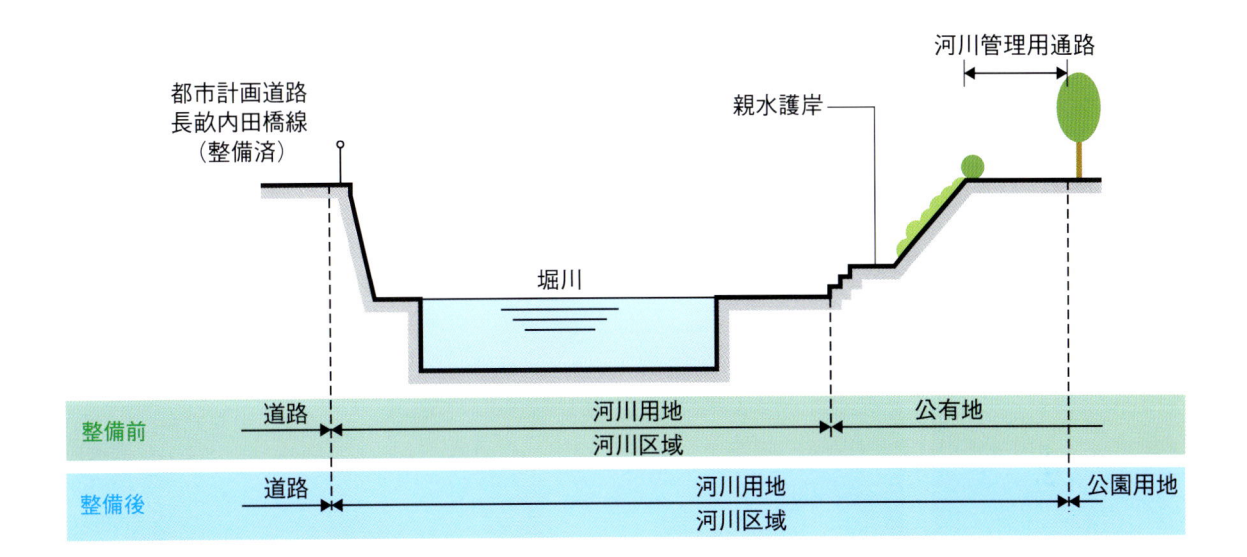

| 項　目 | | 河川とまちの分担関係 |
|---|---|---|
| 河川区域および権原の設定 | | ・河川区域＝河川用地 |
| まちづくり上の区域設定 | | ・道路、公園などの個別の事業区域と河川区域の重複はなし<br>＊住宅市街地整備総合支援事業区域に含まれる。 |
| 費用負担 | 用地費 | ・河川の拡幅が必要な部分は買収 |
| | 整備費 | ・名古屋市（河川）による整備<br>[都市基盤河川改修事業－補助事業] |
| | 維持管理費 | ・河川管理は河川管理者<br>・維持費は名古屋市 |
| 河川区域の占用 | | ・占用はなし |

## 4 一体的整備による効果と今後の展開

### ［一体的整備による効果］

堀川の事例は、河川とまちづくりの事業が河川区域を境界にそれぞれ実施されているが、計画や事業実施段階で連携を図り、またマイタウン・マイリバー整備事業を活用することで河川も都市空間として高質な整備を行い、街の魅力を高めていった。

このような計画・事業の調整が円滑に進められた要因として、マイタウン・マイリバー整備事業を契機に名古屋市河川部局に「堀川総合整備室」を設置し、河川管理者に代わって名古屋市が河川事業を実施していることがあげられる。

● 河川整備上の効果
- 整備前の堀川は川に背を向けた街になっていたが、一体的な整備により河川に顔を向けたまちづくりが進んだ。
- 都市空間として従来の河川より高質の河川空間が整備され、市民の堀川に対する意識が向上した。
- 道路や公園と一体的に整備することで、よりゆとりと潤いのある河川環境の整備が実現された。

● まちづくり上の効果
- 都市空間の新しい要素として河川が活用でき、街の潤いが増し、活性化が進んだ。
- 沿川全体がきれいになり、河川に顔を向けた建築物更新により、都市景観も向上した。

### ［今後の展開の可能性］

- マイタウン・マイリバー整備事業は、第Ⅰ期の3重点整備地区が概ね完了している。次いで、松重閘門地区など第Ⅱ期の整備が予定されており、点から線へと整備区間が延長されることによって、まちづくり事業との一層の連携を図った河川沿いの都市再生、まちづくり推進の可能性は高い。
- 堀川は名古屋のシンボル河川で、プロムナード（河川管理用通路）が整備されていくことで都市の歩行者軸ができ、沿川地域のまちづくりに大きな効果が期待できる。
- とくに都心部の区間は、道路と河川の間にうすく民有地があり河川へのアクセスができないが、納屋橋地区がモデルとなって沿川建築物の更新が進むと、河川沿川の都市景観の改善、向上や高度利用の推進も期待できる。

## 5 事例写真

●黒川地区

［整備前］

［整備後］

写真提供:名古屋市

●納屋橋地区

［整備前］

［整備後］

写真提供:名古屋市

河川に顔を向けたダブルファサード

船着場部分

●白鳥地区

［整備前］

［整備後］

写真提供:名古屋市

写真提供:名古屋市

事例3　愛知県名古屋市 ●堀川／黒川地区・納屋橋地区・白鳥地区

---

問い合わせ先
名古屋市 緑政土木局 河川部 堀川総合整備室：Tel.052-972-2891

事例4

# 大阪府大阪市
# 大川/大阪アメニティパーク

| 河川名 | 大川[旧淀川]（淀川水系） |
|---|---|
| 河川の指定区分 | 一級河川（指定区間） |
| 河川管理者 | 大阪府知事 |

■ 位置図

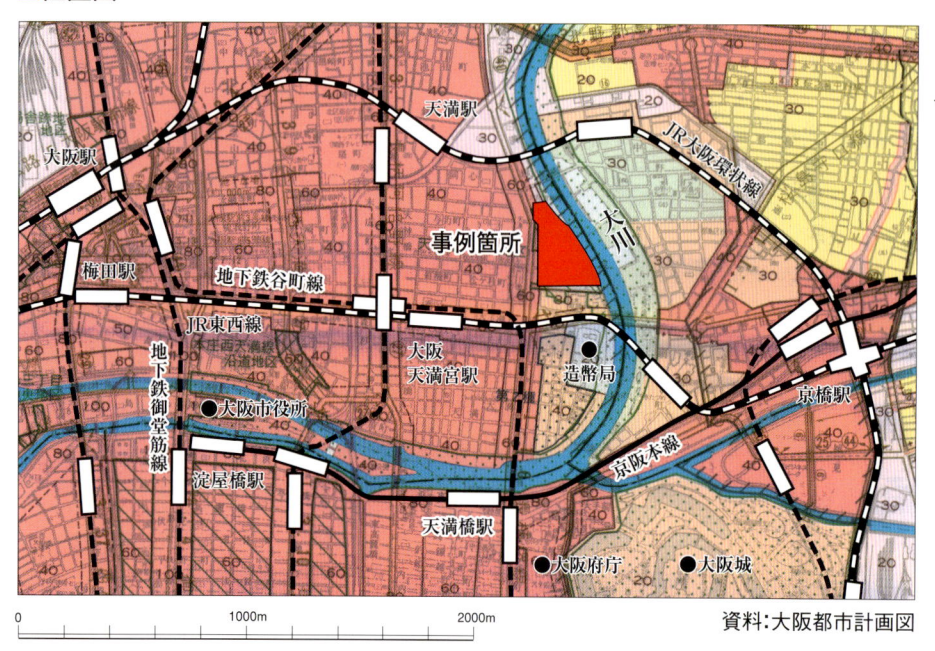

資料：大阪都市計画図

## 1 地区の概要

　大阪アメニティパーク（OAP）は、JR大阪駅から東へ約2km、JR桜ノ宮駅より南へ500m、地下鉄南森町駅から北東800mの大川（旧淀川）沿いに位置する。周辺には、泉布観、旧桜之宮公会堂といった歴史的建築物や、造幣局の桜の通り抜けに連なる毛馬桜之宮公園の豊富な緑が河川沿いに展開しており、沿川は風致地区に指定されている。

　開発地区は、旧三菱金属が明治29年に官営工場の払い下げを受けて以来、約100年に渡り操業してきた工場の跡地約7haであるが、周辺の土地利用が変化し、都心部における工場としての立地が必ずしも適切ではなくなってきたため、三菱マテリアル（株）と三菱地所（株）が共同して、再開発地区計画制度を利用して再開発を行った。

　当時、再開発地区計画は新しい手法であったことから、計画段階から事業者と行政が計画及び公共施設整備の協議・調整を行って、アメニティ溢れるリバーフロントのまちづくりが行われ平成10年に完成した。緑豊かなリバーフロントという立地特性を最大限に活かすために、「水と緑と光にあふれたアメニティ豊かな複合都市空間を形成する」という開発のコンセプトが設定され、インテリジェントオフィス、ホテル、高層住宅から構成される新しい都市に再生された。

　また、大川沿いには、当地区の整備とあわせて都市計画公園、河川の親水護岸、船着場の整備などが一体的に実施され、水辺に緑と潤いの空間を創り出し、地域の人々の憩いの場となっている。

## 2 事業の概要

　大阪アメニティパークの整備は、都心地域の定住人口の確保と質の高い都市活動空間及び大川、毛馬桜之宮公園に隣接した親水性の豊かな都市環境の形成を図るため、大規模敷地の用途転換により住宅・文化・宿泊・商業・業務等の機能が複合した個性豊かで魅力ある市街地の形成とともに、安全で快適な歩行者空間の創出と、道路・公園等の公共施設の整備を行い土地の合理的な高度利用と都市機能の更新を行うことを目的に進められた。

### [河川の事業]

● ふれあいの岸辺整備事業（単独事業）
　[事業主体：大阪府、事業期間：平成3年度～平成7年度]
- 大川沿いを親水性の高い空間としていくために、修景護岸を整備した。
- なお、当地区には船着場が無かったため、大川で運航されていた水上バスを利用できなかったが、民間事業者の協力を得て船着場を設置したことで利用可能となり、新しい水辺の魅力スポットを創ることができた。

### [まちの事業]

● 天満橋一丁目地区再開発地区計画 [都市計画決定：平成元年12月（大阪市決定）]
- 地区全体の都市基盤整備とあわせた良好な土地利用計画等を誘導するため、再開発地区計画を指定し、用途、容積を緩和した。この計画に沿って整備される都市基盤施設のうち、2号施設である地区幹線道路と親水公園、並びに都市計画公園（東天満公園）拡大部分は民間事業者が整備し、後に公共に提供された。
- 河川沿いの親水公園や建物の外周部分の整備にあわせて民間事業者が都市計画公園等を再整備し、河川沿いに連続したプロムナードが形成された。

| ベースの用途地域指定による容積率（整備前） | | 再開発地区計画による容積率（整備後） | |
|---|---|---|---|
| 工　業 | 200％（ほぼ全域） | 商業・業務地区 | 600％（約4.5ha） |
| 商　業 | 600％（一部） | 住宅地区 | 400％（約2.2ha） |

● 優良建築物等整備促進事業（補助事業）
　[事業主体：民間事業者、事業期間：平成5年度～平成10年度]
- 高層住宅（レジデンスタワー）2棟の開発にあたっては、同事業の「高度化更新型」の適用を受け、約500戸の都市型住宅が供給された。

● 河川水を利用した地域冷暖房システム
- 大川右岸から河川水を取水し、コ・ジェネレーションによる地域冷暖房システムを導入することにより、環境保全と省エネ化が推進された。

■ 整備の概要

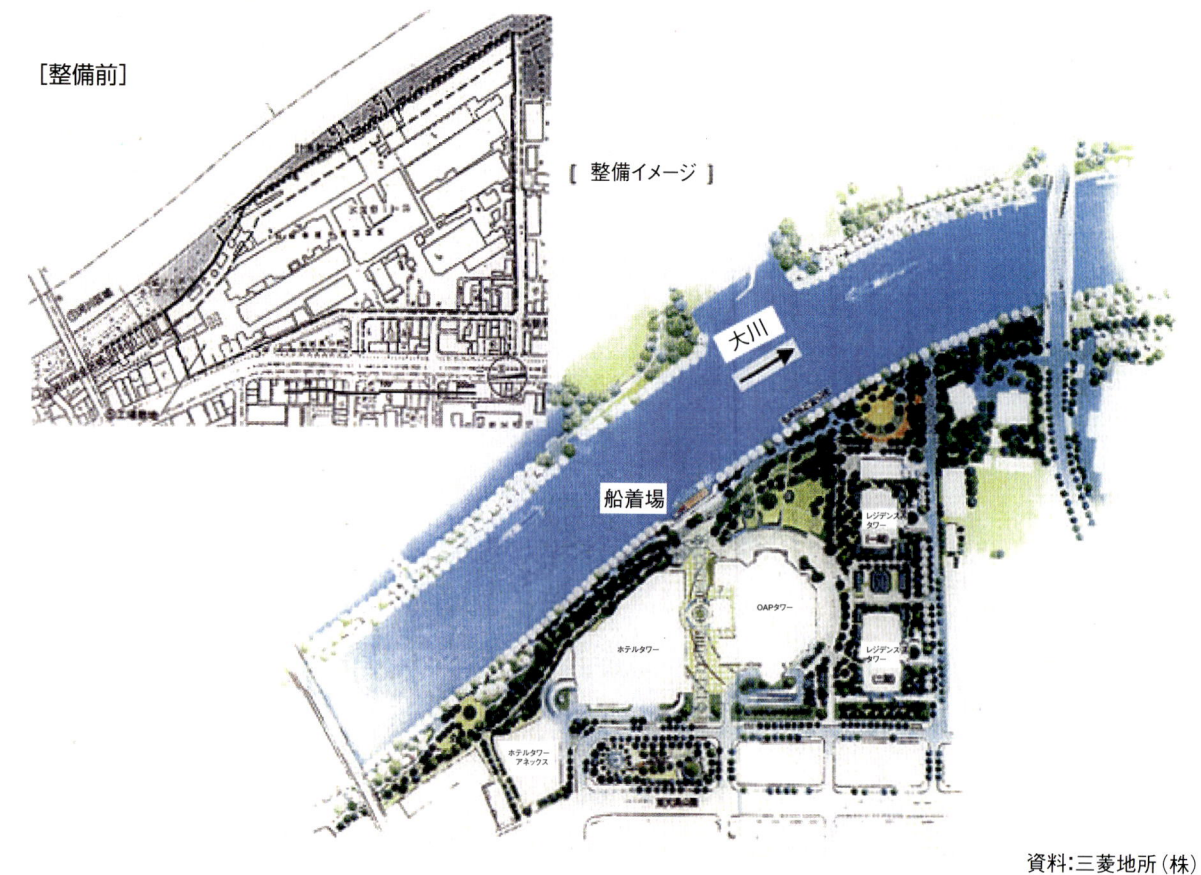

[整備前]

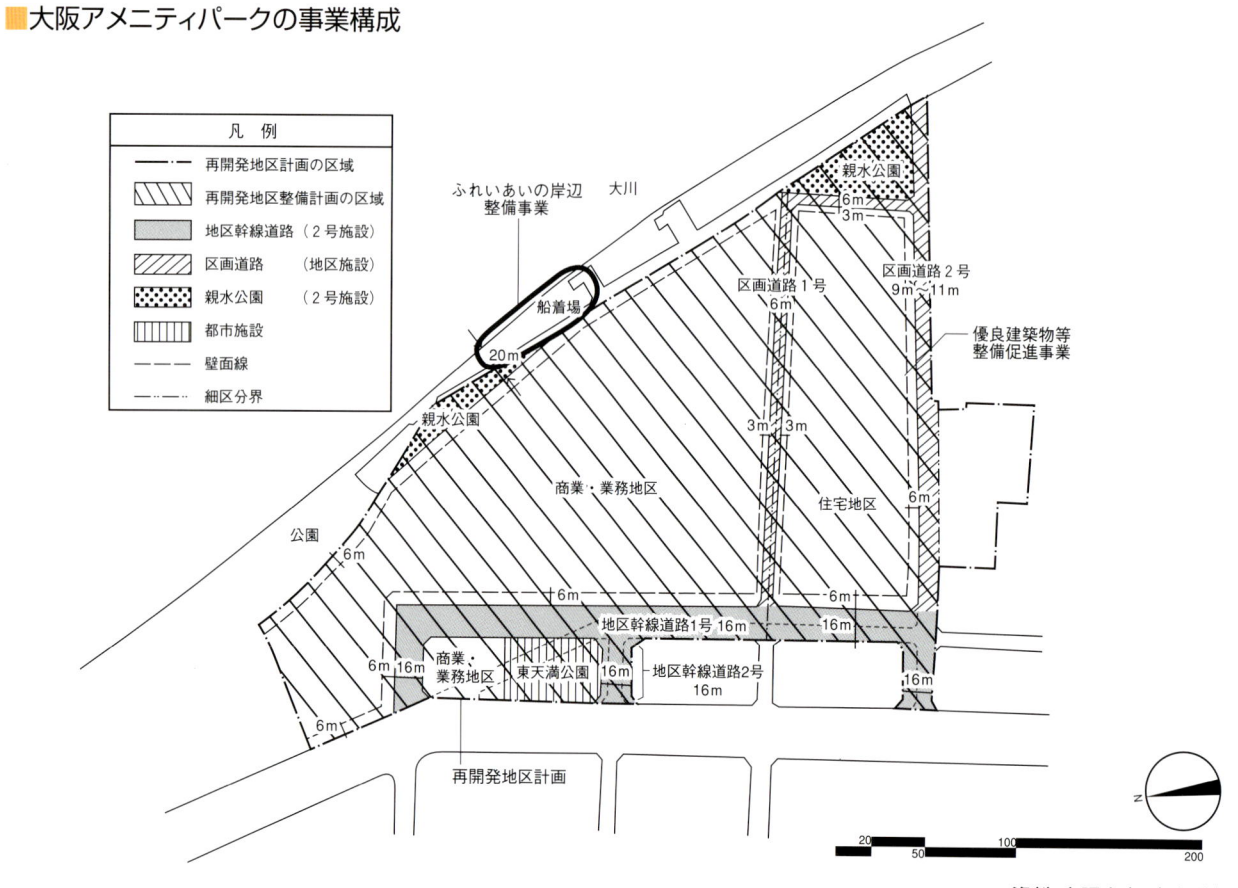

【整備イメージ】

資料:三菱地所(株)

■ 大阪アメニティパークの事業構成

資料:大阪市(一部加筆)

## 3 一体的整備の特徴

従前の大川沿いには、高水敷が公園となっていたものの、工場用地で分断されて連続性がなく、高い塀もあって水辺が充分に活用されていなかったが、再開発と一体となって親水護岸、船着場、緑化された緩傾斜堤防が整備され、また民有地の公開空地も河川側に広く確保されたことから、魅力的な河畔空間が形成された。

河川とまち、民間事業者との関係も河畔についてみると、下図に示すように整理される。再開発地区計画制度を活用し、用途・容積のインセンティブを条件に公共・民間が役割を分担しつつ、協調して整備を行っている。河川区域を敷地の公・民の境界としているものの、用地や整備費用の負担については、協議にもとづき柔軟な対応がなされ、公開空地から親水公園までが総合的なランドスケープにデザインされ、市民に親しまれるアメニティ性の高い水辺環境が創出された。

都市景観的にも、工場の街からイメージを払拭するリバーフロント景観を創り出している。

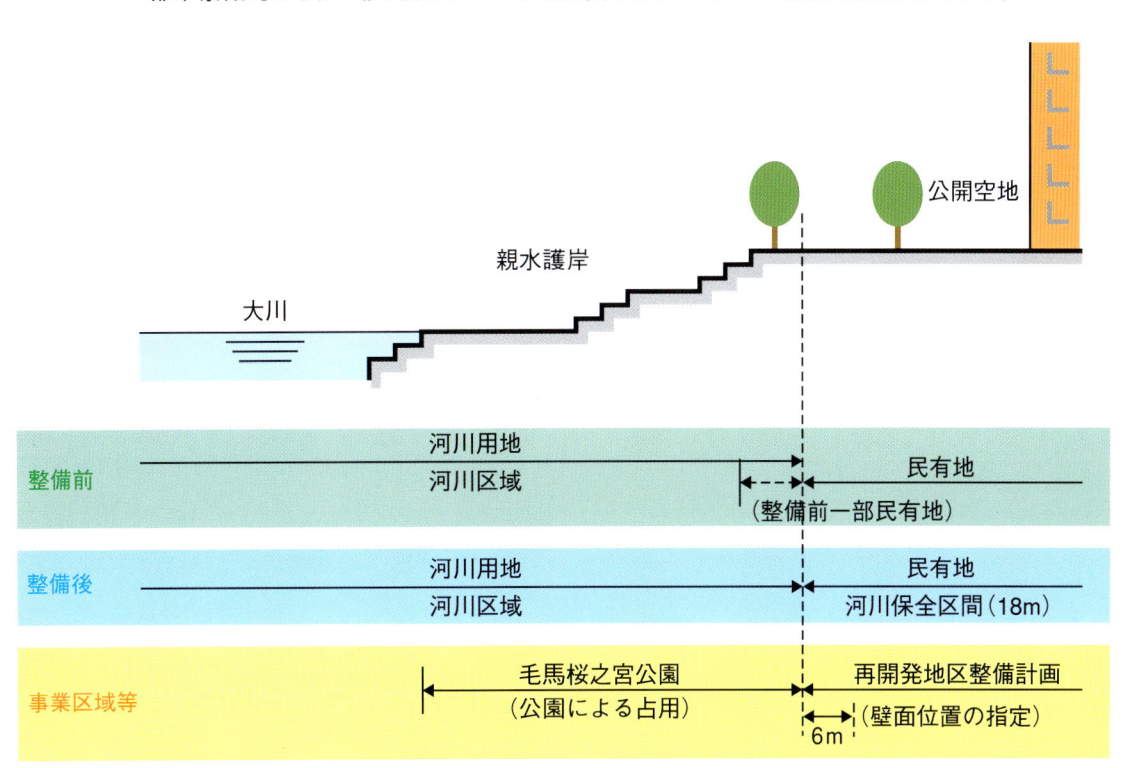

| 項　目 | | 河川とまちの分担関係 |
|---|---|---|
| 河川区域および権原の設定 | | ・河川区域＝河川用地<br>・河川区域から18ｍは河川保全区域 |
| まちづくり上の区域設定 | | ・再開発地区整備計画の区域と河川区域との重複はなし。<br>・河川区域に都市計画公園が決定されている。 |
| 費用負担 | 用地費 | ・河川区域内の一部民有地は、再開発地区計画による親水公園（2号施設）の整備により民間事業者より提供 |
| | 整備費 | ・河川の整備は河川管理者（船着場の整備費は民間事業者が負担）<br>［ふれあいの岸辺整備事業―単独事業］<br>・上面の公園整備は民間事業者<br>・民有地の公開空地は民間事業者 |
| | 維持管理費 | ・河川の維持管理は河川管理者<br>・公園の維持管理は大阪市<br>・船着場の維持管理は水上バス事業者<br>・民有地の公開空地は民間事業者 |
| 河川区域の占用 | | ・公園として市が占用（公園は都市計画決定） |
| 民間事業者へのインセンティブ | | ・再開発地区計画による河川、道路、公園への用地提供や空間整備などの貢献に対して用途、容積の緩和 |

事例4　大阪府大阪市●大川／大阪アメニティパーク

## 4 一体的整備による効果と今後の展開

### ［一体的整備による効果］

　大阪アメニティパークの再開発では計画初期の段階から、「再開発地区計画／整備計画」というまちづくりの目標を共有して、大阪市、民間事業者、河川管理者が調整を図りながら、役割分担を行って整備を進めたことがポイントといえる。

● 河川整備上の効果
- 河川区域の用地が一部無償提供され、用地費負担が軽減された。
- 船着場等の施設整備費が軽減（民間事業者による一部費用負担）された。
- 緩傾斜堤防の整備により水辺、河畔の利用が促進された。

● まちづくり上の効果
- 道路・公園の施設用地費、整備費負担が軽減された。
- 開発計画と調和のとれた水と緑の魅力的なネットワーク（河川沿いに連続した歩行者空間が確保）が形成された。
- 地区のイメージを変えるようなリバーフロントの拠点都市景観が創出された。

● 民間事業者のメリット
- 再開発地区計画により、用地提供、施設整備負担等、良好な都市環境整備に対する貢献に見合う用途・容積の緩和が得られた。
- 河川水を利用した地域冷暖房システムの導入によりコスト軽減が図られている。
- 船着場の整備により、新しいアクセス・ポイントが形成された。
- 水辺空間を活用することで、不動産価値の向上が期待できる。

### ［今後の展開の可能性］

- 都市内河川は、古くは舟運を利用した産業ゾーンを形成していた地区も多くあり、沿川地域での大規模工場の土地利用転換において、当事例の手法は有効である。
- 河川沿いの都市再生に向けて、水辺と緑の環境形成、土地利用の更新・高度利用に資する制度活用の事例として他地区での展開可能性は高い。

## 5 事例写真

[整備前]

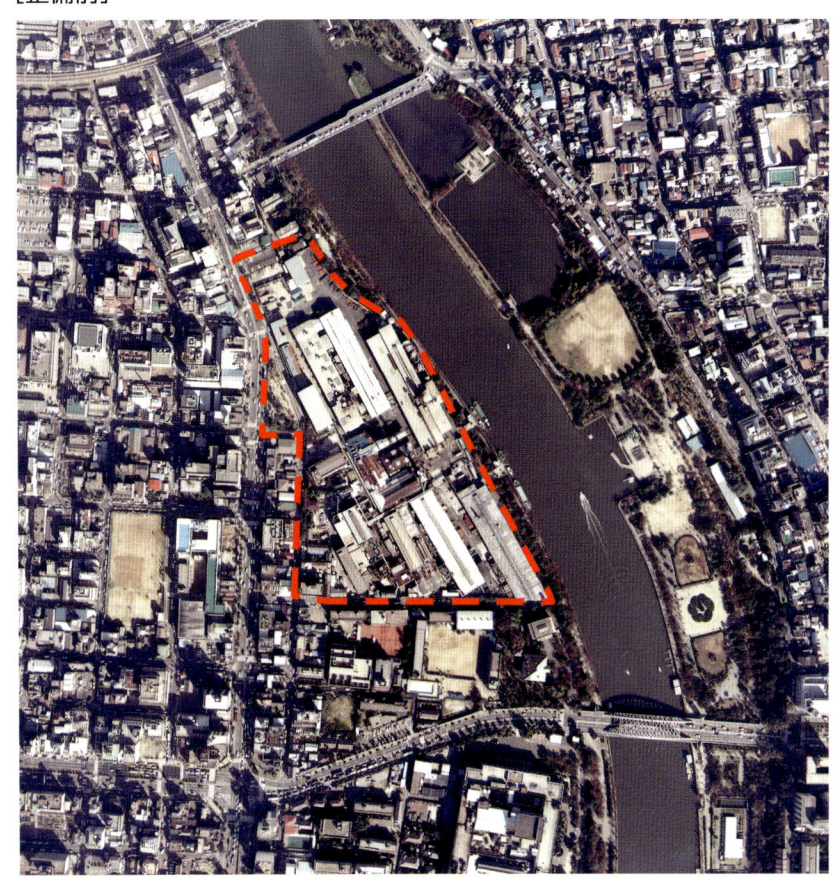

写真提供:三菱地所(株)

[整備後]

写真提供:OAPマネジメント(株)

写真提供:(株)三菱地所設計

写真提供:(株)三菱地所設計

事例4 大阪府大阪市●大川／大阪アメニティパーク

---

**問い合わせ先**
大阪府 土木部 河川室 河川整備課：Tel.06-6941-0351(代表)
大阪市 計画調整局 計画部 都市計画課：Tel.06-6208-7848

事例5

# 大阪府大阪市
# 道頓堀川/湊町リバープレイス

| 河川名 | 道頓堀川（淀川水系） |
|---|---|
| 河川の指定区分 | 一級河川（指定区間） |
| 河川管理者 | 大阪府知事 |

■ 位置図

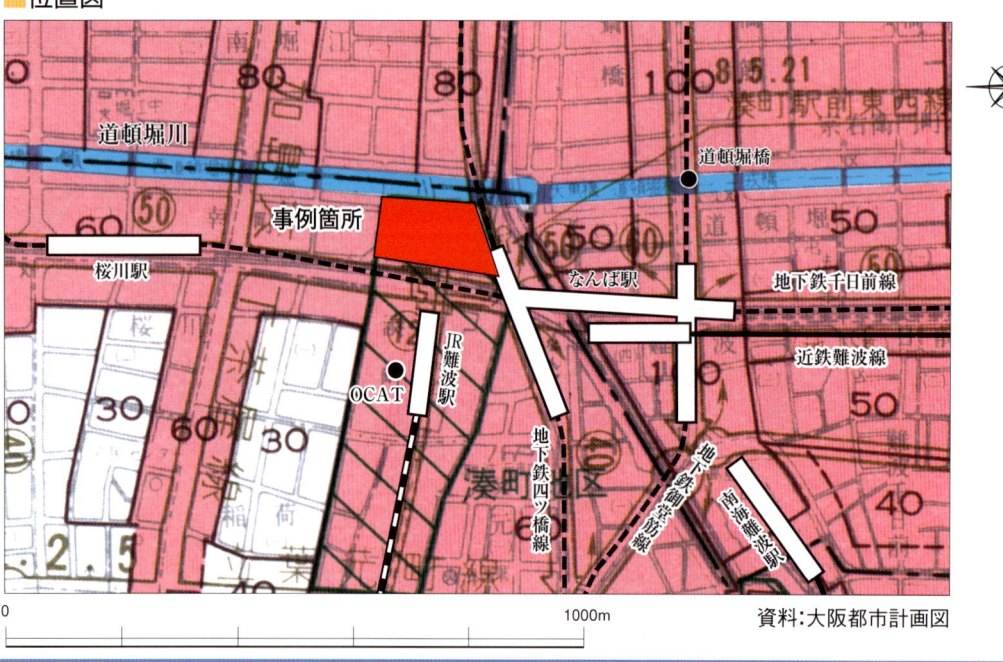

資料：大阪都市計画図

## 1 地区の概要

　道頓堀川は、大阪を代表する河川であり、都心南部に残された貴重な水辺空間である。そのため大阪市では、「水の都・大阪」を再生するために、水を身近に感じられる空間として、道頓堀川沿いの水面近くの両岸に遊歩道を整備し、良好な水辺環境を創造する道頓堀川水辺整備事業を進めている。

　この一環として、水門を道頓堀川と東横堀川に建設し、これらの水門により水面を一定に維持し、防潮機能を備えるとともに、閘門を併設し、舟運の水面利用の促進を図っている。また、寝屋川の汚れた水の流入を阻止し、大川（旧淀川）のきれいな水を東横堀川、道頓堀川に導水する水質浄化も進めている。

　一方、道頓堀川沿岸の湊町地区では、旧国鉄貨物ヤード跡地を中心とした遊休地を有効活用し、高速道路と直結したバスターミナルを有する複合センタービルを始め、商業・業務ビル、都市公団の住宅、当湊町リバープレイス等を整備内容とする「ルネッサなんば」と呼ばれる総合的な開発が、土地区画整理事業、再開発地区計画制度等を導入し進められている。

　湊町リバープレイスは、敷地面積約1.8haで、「ルネッサなんば」の北側一角を占め、道頓堀川に接するウォーターフロントゾーンに位置する。大阪の新しい文化拠点となる音楽ホールや立体広場、市営地下鉄なんば駅、近鉄難波駅、南海電鉄難波駅に通じる地下サンクンガーデン、阪神高速道路のパーキングエリアを兼ねたオン・オフランプ等からなっている。

　人工地盤で覆われた立体広場は、道頓堀川の水辺を活かした潤いとゆとりのシンボルゾーンとして、河川側による道頓堀川水辺整備事業の一環である河川沿いの遊歩道（ボードウォーク）、船着場等と一体的な利用ができるように構成され、多くの人々が集い、にぎわう一大スペースとなっている。

　なお、阪神高速道路部分には、立体道路制度が適用され、平成14年4月より供用開始されている。

## 2 事業の概要

　道頓堀川水辺整備事業は、平成2年度から4年度にかけて実施された道頓堀川水辺整備調査検討委員会における整備構想の検討を行い、平成7年度に河川再生事業（現・河川環境整備事業）に事業採択された。計画は、道頓堀川の水質浄化、水位の一定化、防潮機能、閘門機能をあわせもった道頓堀川水門と東横堀川水門の整備と、水に親しめるように道頓堀川両岸に遊歩道を整備する水辺整備を内容としている。
　湊町リバープレイスの整備にあたっては、この道頓堀川水辺整備計画との連続性、一体性を重視して計画されるとともに、事業時期も整合性を持って実施された。

### [河川の事業]

- **道頓堀川水辺整備事業（補助事業：河川環境整備事業）**
  [事業主体：大阪市、事業期間：平成9年度～平成12年度]
  - 深里橋と区画道路1号を河川区域内で結ぶ形で遊歩道（ボードウォーク）が整備され、中央部に湊町リバープレイスの立体広場と一体化するために階段が設けられている。
  - また、遊歩道（ボードウォーク）から川に張り出す形で、H型の緊急船着場等が遊歩道（ボードウォーク）と同じ素材で整備されている。

### [まちの事業]

- **湊町リバープレイス整備事業（単独事業）**
  [事業主体：大阪市、事業期間：平成10年度～平成13年度]
  - 音楽ホール、立体広場、テナント施設、道路施設、駐車場などが整備されている。
  - 立体広場は、道頓堀川の水辺空間との調和のとれたオアシスとして、人々が集い、賑わい、憩える空間となっている。

- **湊町地区再開発地区計画**
  [都市計画決定：平成4年1月、同変更平成6年12月（大阪市決定）]
  - 「ルネッサなんば」の再開発地区計画は、土地の有効かつ適切な利用を図るため地区内をいくつかに区分し、その区分に応じて最大1000％の容積率の最高限度を指定しており、基準容積率600％に対し、地区全体で平均約800％に緩和されている。制限緩和の条件としては2号施設・地区施設の整備、公開空地の確保等が必要であり、その内容については、再開発地区計画の基本方針及び地区整備計画に定められている。
  - なお、湊町リバープレイスのあるA地区内では、区画道路1号（幅員15m、延長約100m）が地区施設に指定されている。

■「道頓堀川水辺整備計画」の概要

資料：大阪市

## 3 一体的整備の特徴

湊町リバープレイスの整備は、河川整備とまちづくりによる協力体制のもと、事業調整を行うことにより、一体的な整備が進んだ例である。整備の効果をより高めるため、両者の整備時期を合わせるとともに、道頓堀川のボードウォークと湊町リバープレイス内の立体広場の一体化を図り、各々のデザインや素材を合わせる等の協力を行っている。

### ■断面図

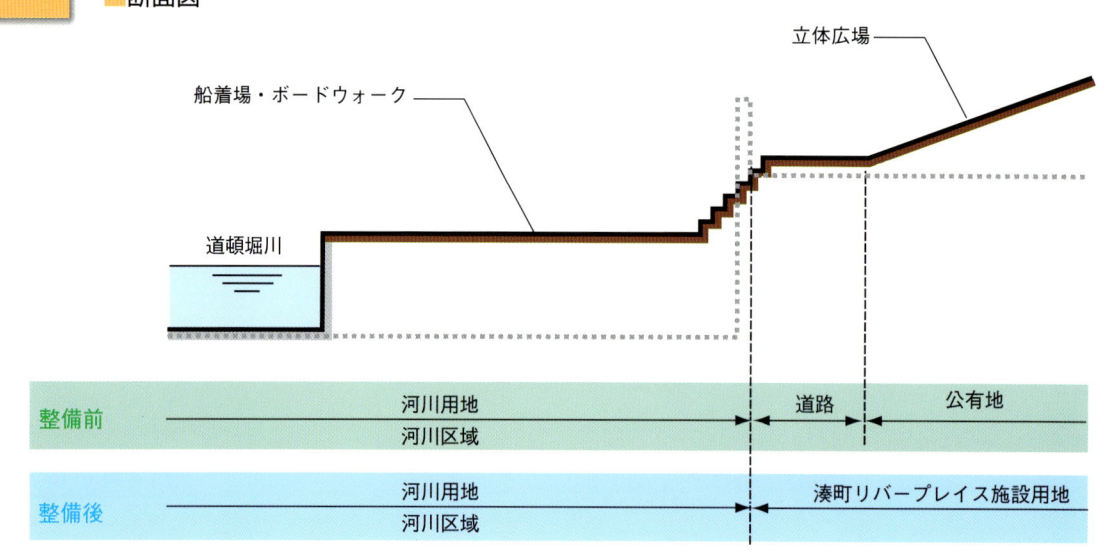

（立体広場、船着場・ボードウォーク、道頓堀川）

| | | | |
|---|---|---|---|
| 整備前 | 河川用地 / 河川区域 | 道路 | 公有地 |
| 整備後 | 河川用地 / 河川区域 | | 湊町リバープレイス施設用地 |

### ■平面図

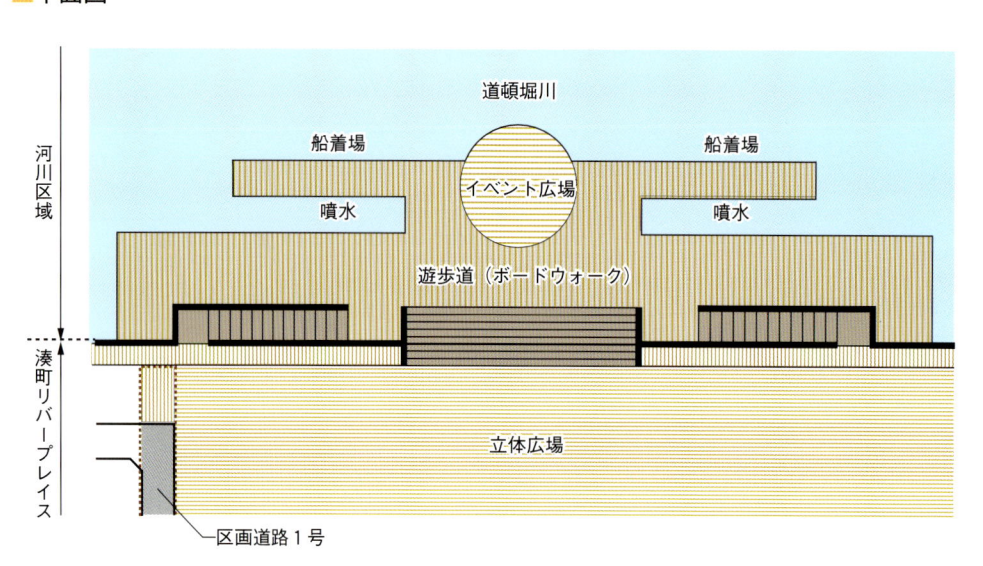

（河川区域：道頓堀川、船着場、イベント広場、噴水、遊歩道（ボードウォーク）／湊町リバープレイス：立体広場、区画道路1号）

| 項　目 | | 河川とまちの分担関係 |
|---|---|---|
| 河川区域および権原の設定 | | ・河川区域＝河川用地 |
| まちづくり上の区域設定 | | ・河川区域とまちづくり事業区域の重複はなし |
| 費用負担 | 用地費 | ・用地買収はなし |
| | 整備費 | ・河川区域内は市による整備<br>[河川環境整備事業－補助事業] |
| | 維持管理費 | ・市 |
| 河川区域の占用 | | ・占用はなし |

## 4 一体的整備による効果と今後の展開

### [一体的整備による効果]

道頓堀川水辺整備事業は、大阪市が補助事業として実施し、湊町リバープレイスの整備も大阪市が実施していることから、相互の調整がスムースに行われた。

● 河川整備上の効果
- 道頓堀川水辺整備事業により生み出された水辺空間は、線的な歩道空間であるが、湊町リバープレイスの立体広場と一体的に整備されることにより、スポット的ではあるがゆとりのある広場空間を確保することができた。
- 湊町リバープレイスに集まる人々を河川空間に誘導することができた。

● まちづくり上の効果
- 川側の遊歩道（ボードウォーク）や船着場と、湊町リバープレイス側の立体広場が一体的に活用できることにより、広場空間が拡大し、多くの人々が集える空間が生み出された。
- 道頓堀川水辺整備事業が完成すれば、湊町リバープレイスというスポット的な施設から道頓堀川のボードウォークを利用し、水辺の動線を確保することができるようになる。

### [今後の展開の可能性]

- 沿川における土地利用転換の機会を積極的に活用することにより、河川を活かしたまちづくりを効果的に実現することが可能であり、他地区においても展開の可能性は高い。

## 5 事例写真

[整備前]

出典:「ルネッサなんば」湊町地区開発協議会

[整備後]

写真提供:(株)伸和

写真提供:日刊建設工業新聞社

問い合わせ先
大阪市 建設局 土木部 河川課：Tel.06-6615-6837
大阪市 建設局 市街地整備本部 推進部 補償清算課：Tel.06-6615-6871

事例6

# 大阪府大阪市
# 木津川・尻無川/岩崎橋地区

| 河川名 | 木津川・尻無川（淀川水系） |
|---|---|
| 河川の指定区分 | 一級河川（指定区間） |
| 河川管理者 | 大阪府知事 |

■位置図

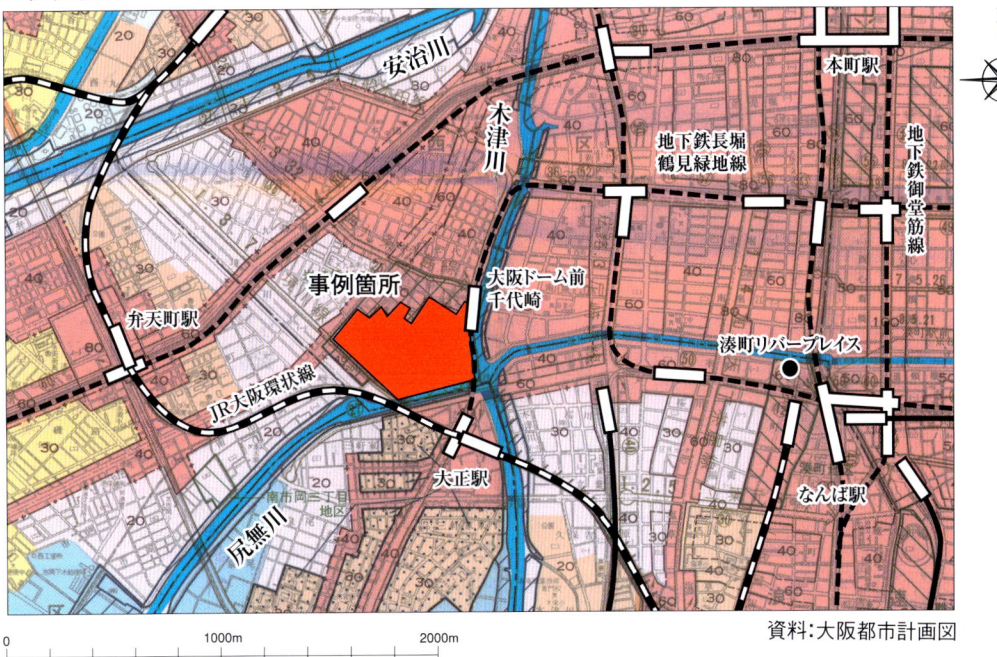

資料：大阪都市計画図

## 1 地区の概要

　岩崎橋地区は、大阪市都心西部にあり、一級河川木津川と尻無川の分派点の北西側に位置する約19haの地区である。古くから河川を利用した水運がひらけて繁栄し、大阪市交通局、大阪ガス、関西電力などの公共公益企業が立地し、都市交通とエネルギーの供給によって近代大阪の発展を大きく支えてきた。

　平成4年1月には、大阪市・大阪府・大阪商工会議所・民間企業6社を発起人として、大阪ドームの事業主体である（株）大阪シティドームが設立され、岩崎橋地区に大阪ドームの建設が推進された。この大阪ドームを核とした土地の高度利用の推進に合わせて、地下鉄長堀鶴見緑地線及び阪神西大阪線の延伸・新駅建設等の公共施設の整備改善による大阪の西の拠点づくりを行うとともに、補助スーパー堤防の築造による治水安全度の向上とアメニティ豊かな都市環境の創出を図っている。

　岩崎橋地区では、河川側が特定地域堤防機能高度化事業、低地対策河川事業（都市河川総合整備事業）を、まちづくり側が組合施行土地区画整理事業、街並み・まちづくり総合支援事業を一体的に実施している。

## 2 事業の概要

河川事業では、特定地域堤防機能高度化事業および、都市河川総合整備事業（低地対策河川事業）により、耐震護岸の築造、河川用地内の防護柵の整備等が行われた。

また、まちづくり事業では、ふるさとの顔づくりモデル土地区画整理事業として認定された組合施行土地区画整理事業によりグレードアップされた公共施設の整備を行うとともに、街並み・まちづくり総合支援事業を用い、質の高い都市空間の創出を図っている。

### [河川の事業]

● 特定地域堤防機能高度化事業（補助事業）
[事業主体：大阪府、事業期間：平成6年度～平成8年度]
・スーパー堤防として河川から堤内地側へ約50mの範囲に盛土が行われた。

● 低地対策河川事業（補助事業）
[事業主体：大阪府、事業期間：平成6年度～平成8年度]
・耐震護岸の築造と河川用地内の防護柵等の整備が行われた。

### [まちの事業]

● 土地区画整理事業（補助）
[事業主体：大阪市岩崎橋土地区画整理組合、事業期間：平成5年度～平成9年度]
・当地区の核施設である大阪ドームと一体的かつ複合的なまちづくりを行うため、ドームを核とした土地の高度利用とあわせて、公共施設の整備を図ることを目的に組合施行の土地区画整理事業が実施された。
・主な公共施設として都市計画道路3路線、区画道路8路線、広場1ヶ所（1,820㎡）、河川沿いの河岸公園を含む公園3ヶ所（6,530㎡）などが整備された。
・ふるさとの顔づくりモデル土地区画整理事業（事業認定：平成6年度）を導入し、最寄り駅から大阪ドームへのアプローチ道路となる本田大運橋線、千代崎線、区画道路7号線の歩道や、千代崎線の交差点（3ヶ所）に設置される人工地盤（歩行者横断施設）等の舗装、植樹、照明等の高質化を実施し、アメニティの高い歩行者空間の整備が行われた。

● 街並み・まちづくり総合支援事業（補助事業）
[事業主体：大阪市岩崎橋土地区画整理組合　他3社、事業期間：平成7年度～平成9年度]
・河岸公園を含む各種公共施設のグレードアップとして、歩道状施設、多目的広場、壁面線後退による公開空地、河岸公園等の舗装・植栽・照明灯等の景観形成施設整備が行われた。

● 岩崎橋地区地区計画［都市計画決定：平成5年9月（大阪市決定）］
・地区施設として、多目的広場約（1,700㎡）、歩道状施設（幅員5～10m、延長約1,650m）を定め、また、建築物等に関する事項として、用途の制限、容積率・建ペイ率の最高限度、敷地面積の最低限度、壁面の位置の制限等を行い、計画的な土地利用の誘導を行っている。

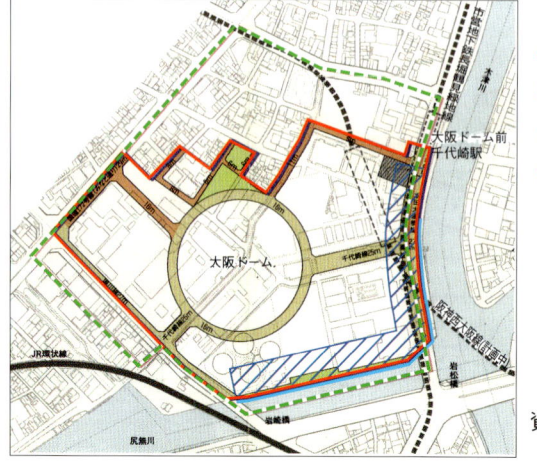

■ 事業構成図

凡例
- 土地区画整理事業
- 岩崎橋地区地区計画
- 特定地域堤防機能高度化事業
- 都市河川総合整備事業

資料：「岩崎橋土地区画整理事業」
大阪市岩崎橋土地区画整理組合

## 3 一体的整備の特徴

尻無川沿いの親水性のあるプロムナード状の河岸公園（ボードウォーク、緑地等）は、土地区画整理事業、街並み・まちづくり総合支援事業により整備が行われた。この公園の整備は、大阪府によるスーパー堤防の盛土工事後、土地区画整理組合が実施した。

スーパー堤防の整備にあわせて河川区域を拡大しているが、拡大部分の底地は公園用地あるいは民有地となっている。また、民有地の一部を地区計画により壁面後退させ河岸公園として活用している。

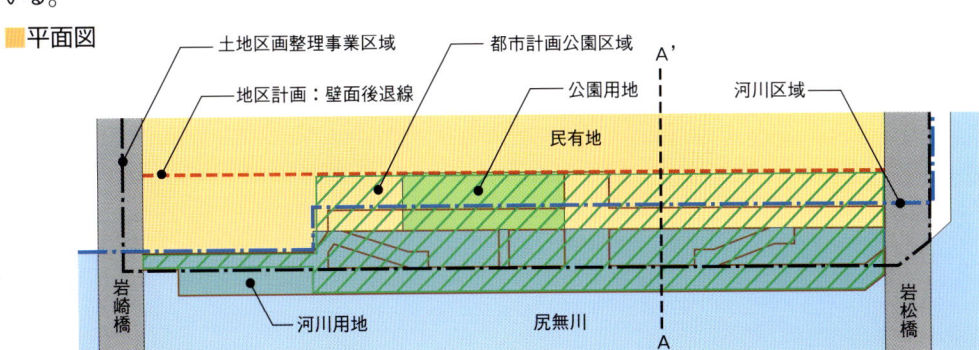

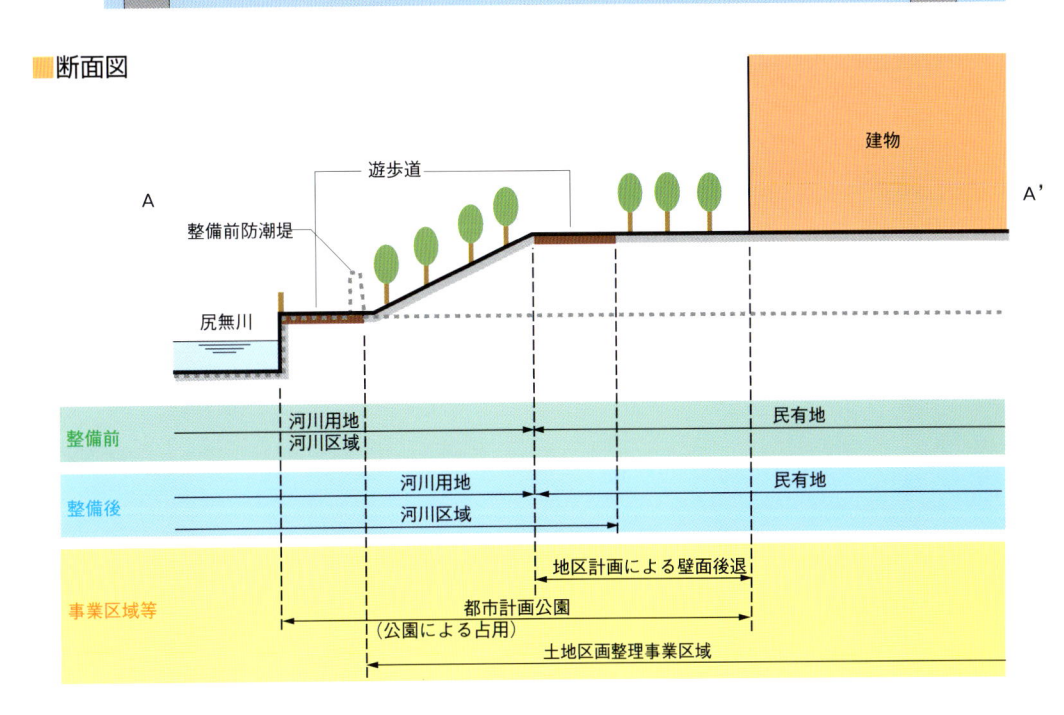

■平面図

■断面図

| 項　目 | | 河川とまちの分担関係 |
|---|---|---|
| 河川区域および権原の設定 | | ・河川区域≠河川用地 |
| まちづくり上の区域設定 | | ・河川区域と土地区画整理事業区域が一部重複 |
| 費用負担 | 用地費 | ・用地買収はなし |
| | 整備費 | ・河川区域内の基盤整備および河川保全区域の盛土は、河川管理者　　　　［低地対策河川事業－補助事業］　　　　　　　　　　［特定地域堤防機能高度化事業－補助事業］<br>・都市計画公園の整備は市および組合 |
| | 維持管理費 | ・河川の防護柵部分の維持管理は河川管理者<br>・都市計画公園部分の維持管理は市 |
| 河川区域の占用 | | ・河川用地部分を公園が占用（公園は都市計画決定） |
| 民間事業のインセンティブ | | ・良好な水辺のオープンスペースの創出による地域環境の向上<br>・民有地の壁面後退部分の一部（都市公園区域内）を、所有者が街並み・まちづくり総合支援事業により整備 |

事例6　大阪府大阪市●木津川・尻無川／岩崎橋地区

## 4 一体的整備による効果と今後の展開

### [一体的整備による効果]

　河川整備事業とまちづくり事業を同時に実施することにより、それぞれが役割分担しながら豊かな一体的空間を整備することができた。また、まちづくりの各種グレードアップ事業と河川の各種整備事業をそれぞれ導入することにより、地域の景観や環境の質を向上させることができた。

●河川整備上の効果
- まちづくりに合わせて、スーパー堤防整備事業を実施することができ、治水安全度の向上を図ることができた。
- 土地区画整理事業により河川沿いに公園が配置されたことで、既存の河川空間に加え、豊かな親水空間が確保された。

●まちづくり上の効果
- 河川空間を河岸公園として活用することで、土地区画整理事業で生み出される公園面積以上の公園が実質的に確保できた。
- 従来の堤防に比べ、スーパー堤防化されたことで、まち側から河川を眺望する景観が広がり、また、河川とまちの間に緑が配置されたことにより、眺望空間に潤いが加わった。
- 大阪ドームという象徴的な施設整備と地域の顔づくりにマッチした河川空間の演出が可能となった。

●民間事業者のメリット
- 宅地の造成費が軽減された。
- 水辺と一体となった空間と眺望が開けたことにより、地区のポテンシャルが高まった。

### [今後の展開の可能性]

- 河川沿いでの土地区画整理事業による土地利用転換と、河川整備を一体的に実施する意義は大きく、計画、事業の調整を十分に行えば、他地域での実現も可能である。

## 5 事例写真

[整備前]

写真提供：大阪市

[整備後]

写真提供：大阪市

事例6　大阪府大阪市●木津川・尻無川／岩崎橋地区

---

**問い合わせ先**
大阪府 土木部 河川室 河川整備課：Tel.06-6941-0351（代表）
大阪市 建設局 市街地整備本部 開発事業部 区画整理課：Tel.06-6615-6869

事例7

# 大阪府大阪市
# 安治川・正蓮寺川／此花西部臨海地区

| 河川名 | 安治川［旧淀川］・正蓮寺川（淀川水系） |
|---|---|
| 河川の指定区分 | 一級河川（指定区間） |
| 河川管理者 | 大阪府知事 |

■ 位置図

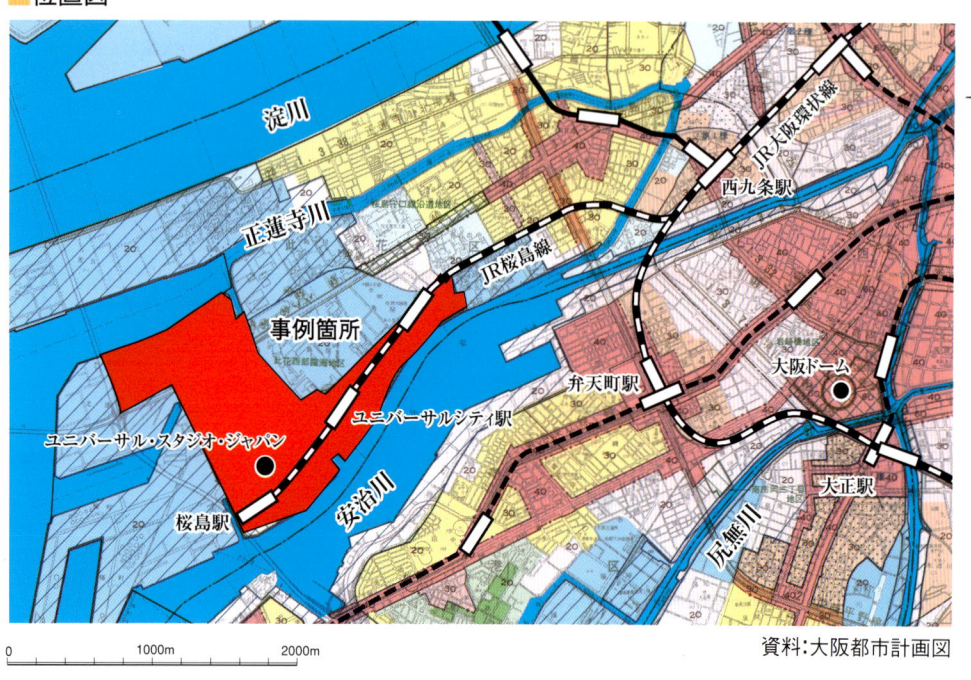

資料：大阪都市計画図

## 1 地区の概要

　此花西部臨海地区は、大阪市臨海部に位置し、大阪駅から直線距離で6～7km、JR環状線、桜島線を利用して約10分の交通至便地に位置する。

　この地域は、戦前から重厚長大型の重化学工業地域として発展してきたが、近年の産業構造の転換等に伴い遊休化する土地が顕著になり、新たな土地利用へと転換を図るとともに、ウォーターフロントの立地条件を活かし、水際線を快適なオープンスペースとして整備が進められている。

　当地区では、国際的なアミューズメント施設である「ユニバーサル・スタジオ・ジャパン」を中核施設とし、ホテルや商業施設、映像情報関連施設などの都市型産業の育成を図り、大阪市の「国際集客都市づくり」の一翼を担うまちづくりが進められている。

　このまちづくりの推進にあたっては、土地区画整理事業区域に臨港地区を含み、大阪市の都市計画部局と港湾部局が連携しつつ、土地区画整理事業をベースに、都市計画と港湾計画を見直しながら、再開発地区計画の導入や都市再生総合整備事業等の事業手法をとりいれている。また、安治川（旧淀川）および正蓮寺川沿いでは、スーパー堤防の整備にあわせて、臨港緑地等が整備され豊かな水辺空間の形成が図られている。

## 2 事業の概要

広大な此花西部臨海地区のうち、安治川右岸の島屋南入堀および正蓮寺川左岸の島屋北入堀を含む下流部において、河川事業、まちづくり事業、港湾事業が一体的に実施されている。ここでは、河川事業で耐震護岸やスーパー堤防の整備を行い、まちづくり事業で基盤整備や適正な土地利用の誘導を、港湾事業で船着き場や臨港道路、臨港緑地等の整備を行っている。

なお、港湾事業では、新たな港湾機能への転換を図る地区について港湾計画の一部を変更（工業用地から都市機能用地へ変更し、臨港地区指定を工業港区から修景厚生港区とした。）し、また都市機能の導入を図る地区については臨港地区指定を解除する等、再開発地区計画に合わせた土地利用計画の見直しを行った。

### ［河川の事業］

- **特定地域堤防機能高度化事業（補助事業）**
  [事業主体：大阪府、事業期間：平成8年度〜平成14年度（予定）]
  - スーパー堤防の整備として、河川から最大50mの範囲に盛土を行っている。

- **低地対策河川事業（補助事業）**
  [事業主体：大阪府、事業期間：平成8年度〜平成14年度（予定）]
  - 都市河川総合整備事業として、地震時の河川管理施設被害等に対処するための耐震護岸の築造を行っている。

### ［まちの事業］

- **土地区画整理事業（補助事業）**
  [事業主体：大阪市、事業期間：平成7年度〜平成18年度（予定）]
  - 大阪市臨海地域の都市構造再編の一環として、約156.2haの地区を対象に都市型産業への転換ならびに都市機能の更新に向けた公共施設の整備・改善と宅地の利用増進、また交通アクセスやウォーターフロントの立地を活かして、業務・商業、居住、リゾート施設等の機能を導入し、「住・職・遊」の複合した新しい都市空間の創出を図るため、土地区画整理事業が実施されている。
  - 主な公共施設として、都市計画道路（延長約3,460m）、区画道路（延長約4,540m、臨港道路を含む）、公園4ヶ所（約29,500㎡）、緑地5ヶ所（約83,500㎡、臨港緑地を含む）の整備を行っている。また、島屋南入堀については、土地利用計画に則して堤防の付替を行った。
  - ふるさとの顔づくりモデル土地区画整理事業の認定を受け、都市計画道路のグレードアップを行っている。

- **都市再生推進事業（補助事業）** [事業主体：大阪市、事業期間：平成12年度]
  - 都市再生総合整備事業として、質の高い都市空間を形成するため、地区施設である緑地の整備を行った。

- **此花西部臨海地区再開発地区計画** [都市計画決定：平成7年3月（大阪市決定）]
  - 土地区画整理事業の施行地区を対象に、ユニバーサル・スタジオ・ジャパンの他、研究開発施設あるいは商業施設等の立地誘導と、各地区の特性に応じた建築物の用途の制限、容積率の最高限度、建築物の敷地面積の最低限度、壁面の位置の制限、建築物の形態または意匠の制限等が定められている。
  - また、地区施設として、多目的広場、緑地、多目的通路、歩行者専用通路、歩行者専用立体通路等の整備が定められている（地区整備計画は、現在約90.5haについて都市計画決定されている）。

[港湾事業]

- ●港湾環境整備事業（補助事業）
  ［事業主体：大阪市、事業期間：平成9年度～平成19年度（予定）］
  ・長い水際線を活かした親水緑地として整備を行っている。
  ・災害時には、避難場所も兼ねた防災拠点の機能を有している。

- ●大阪港改修（特重）事業［事業主体：建設省（現・国土交通省）、事業期間：平成11年度］
  ・浮体式防災基地の整備を行った。
  ・平常時においては、ユニバーサル・スタジオ・ジャパン関連の船着場として利用している。

- ●大阪港改修（特重）（補助事業）［事業主体：大阪市、事業期間：平成8年度～］
  ・臨港道路の整備を行っている。

■事業計画図

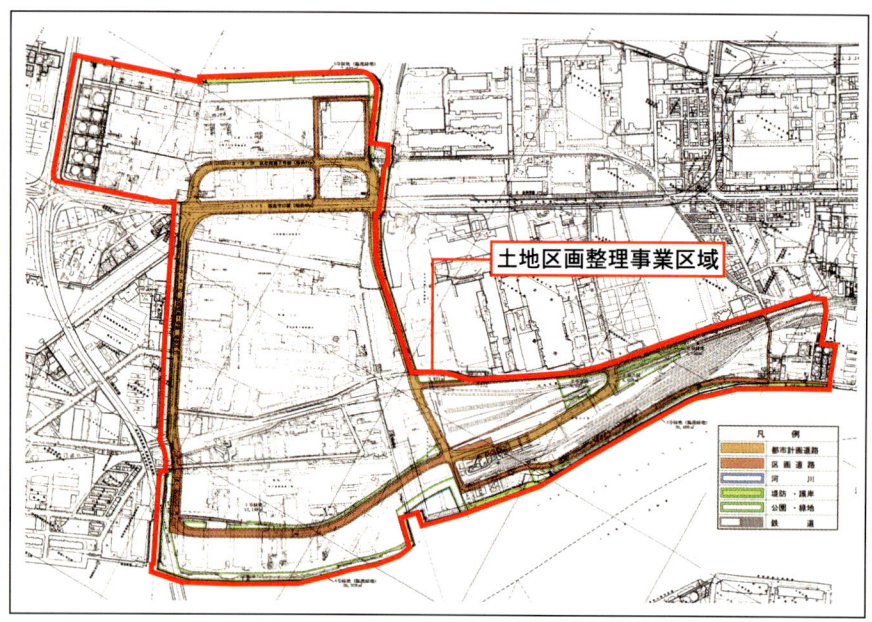

資料：大阪市

## 3 一体的整備の特徴

まちづくり事業では、土地区画整理事業を導入することにより、公共減歩による臨港道路及び緑地用地の確保が、また、換地手法による港湾施設用地の確保が行われている。河川事業では、河岸の耐震強化と合わせて、スーパー堤防の整備が補助事業で行われている。港湾事業では、臨港道路の整備についての補助を公共施設管理者負担金として取り入れることができ、更に、スーパー堤防の整備により、河川区域を含む堤防の上面を臨港緑地として整備することが可能となった。

以上のように、当事業では、それぞれが過大な負担を被ることなく河川、都市、港湾施設の再整備が実現できた。

■平面図

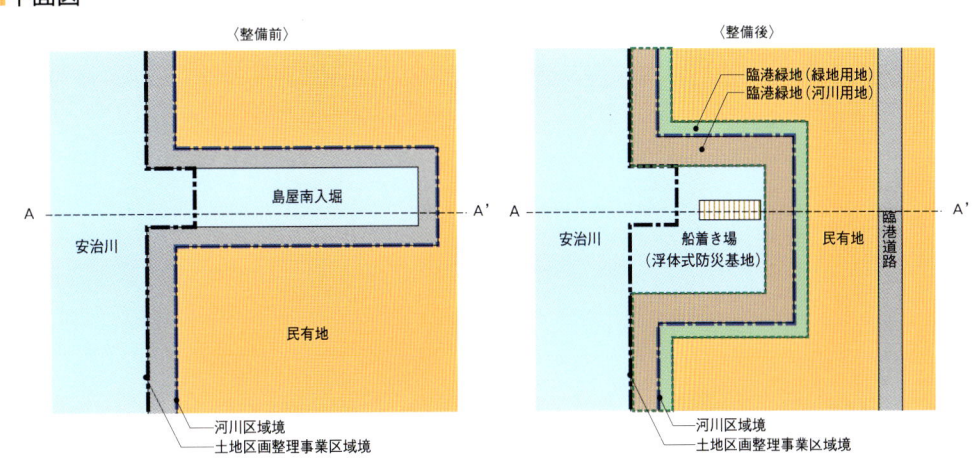

■断面図

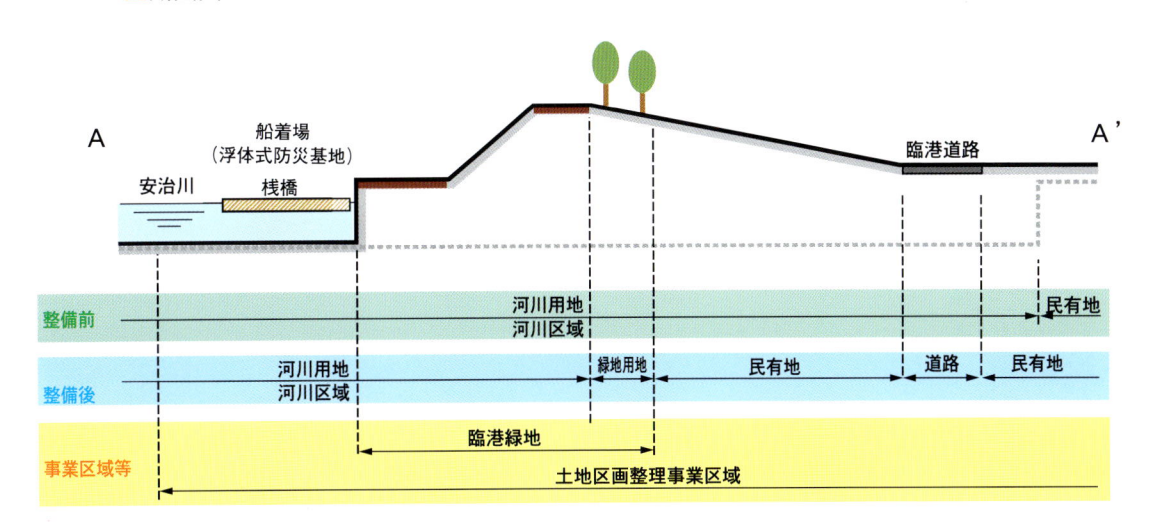

| 項　目 | | 河川とまちの分担関係 |
|---|---|---|
| 河川区域および権原の設定 | | ・河川区域＝河川用地 |
| まちづくり上の区域設定 | | ・河川区域と土地区画整理事業区域は、一部重複（水際線を土地区画整理事業区域境に設定） |
| 費用負担 | 用地費 | ・用地費はなし（河川用地は、土地区画整理事業前後で等積） |
| | 整備費 | ・スーパー堤防の盛土は河川管理者が整備<br>　　［特定地域堤防機能高度化事業—補助事業］<br>・浮体式防災基地（船着場）は直轄が整備<br>・臨港緑地は、港湾管理者（市）が整備<br>　　［港湾環境整備事業—補助事業］ |
| | 維持管理費 | ・船着場および臨港緑地は港湾管理者（市） |
| 河川区域の占用 | | ・緑地等として港湾管理者（市）が占用 |

事例7　大阪府大阪市●安治川・正蓮寺川／此花西部臨海地区

## 4 一体的整備による効果と今後の展開

### ［一体的整備による効果］

此花西部臨海地区では、大阪市の都市計画部局と港湾部局及び大阪府の河川部局が、土地区画整理事業、港湾事業、スーパー堤防整備事業等と連携しつつ、同時に施行することにより適正な役割分担のもと、安全で魅力的な水辺空間の形成を可能にしている。

● 河川整備上の効果
- スーパー堤防整備の実施により、治水安全度の向上を図ることができた。
- 土地区画整理事業との共同事業により、広がりのある水辺空間が創出された。

● まちづくり上の効果
- 水辺空間を活かした質の高いまちづくりが可能となった。
- 地震、水害に強いまちづくりが可能となった。

● 港湾整備上の効果
- 臨港地区の新しい土地利用が可能となった。
- 地震、水害に強い臨港地区の再生が可能となった。
- 臨港緑地の整備により、水際線を快適なウォーターフロントとして、市民に供することが可能となった。

### ［今後の展開の可能性］

- 臨海部での大規模な土地利用転換を実施するにあたり、当事例のように、まちづくり、河川、港湾との連携を図ることは、魅力あるウォーターフロントを形成する点で有効であり、他地区においても展開の可能性は高い。

## 5 事例写真

[整備前]

写真提供：大阪府

[整備後]

事例7　大阪府大阪市●安治川・正蓮寺川／此花西部臨海地区

---

問い合わせ先
大阪府 土木部 河川室 河川整備課：Tel.06-6941-0351（代表）
大阪市 建設局 市街地整備本部 開発事業部 此花臨海土地区画整理事務所：Tel.06-6577-3301
大阪市 港湾局 企画振興部 計画課：Tel.06-6615-7783

事例8

# 兵庫県宝塚市
# 武庫川/湯本第1地区

| 河川名 | 武庫川 |
|---|---|
| 河川の指定区分 | 二級河川 |
| 河川管理者 | 兵庫県知事 |

■ 位置図

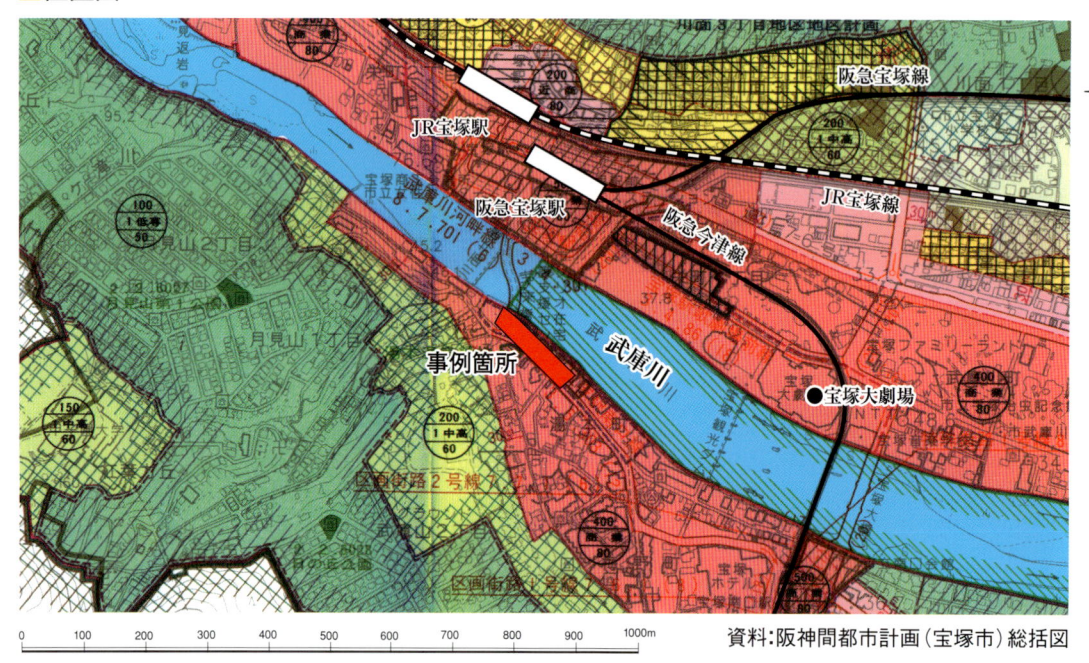

資料:阪神間都市計画（宝塚市）総括図

## 1 地区の概要

　武庫川は六甲山系の西部丘陵部から大阪湾に注ぐ二級河川で、沿川は下流から宝塚市までは、既成市街地となっている。宝塚市の湯本第1地区は、この武庫川に面し河川整備と連携して、第一種市街地再開発事業によって整備された事例である。

　武庫川の河川改修は中小河川改修事業（現・都市基盤河川改修事業）によって昭和62年より工事に着手されていたが、平成4年にマイタウン・マイリバー整備事業として国より指定された。宝塚駅周辺の約1,700mの区間は、平成8年4月に整備計画の認定を受け、まちづくりにあわせた整備が進められている。

　宝塚駅周辺は宝塚大劇場も立地し、市の中心市街地を形成している。宝塚駅周辺の整備は、まちづくり側の発意から、河川管理者も参加して地区の総合的な再開発構想が策定された。この過程の中で河川側はマイタウン・マイリバー整備事業を導入し、より質の高い河川空間整備が方向づけられた。

　湯本第1地区は、宝塚駅と武庫川を挟んで対岸（右岸側）の地区であり、当事業では、旅館、住宅などが混在していた地区を再開発し、あわせて都市計画道路の整備、橋の架け替えと武庫川の護岸改修を一体的に行った。

　再開発施設は、旅館、店舗と共同住宅の3棟で構成され、河川に配慮したデザインとなっているとともに、公開空地を活用して河川の高水敷へのアプローチ通路も確保されている。また、宝塚駅側からは「観光プロムナード」構想の一部をなす宝来橋と結ばれ、良好な都市景観を形成している。

## 2 事業の概要

### [マイタウン・マイリバー整備事業]

宝塚駅周辺地区では、マイタウン・マイリバー整備事業により、武庫川の整備とともにまちづくり関連の事業が実施されている。

武庫川自体も宝来橋下流は都市計画緑地として都市計画決定されており、河川敷の利用が進められている。一方、駅周辺区間は従来河川敷が未整備で水辺に近づけなかったが、親水護岸の整備が進められ、新しいまちと河川の関係が形成されつつある。

とくに当地区の沿川には、宝塚大劇場等があり、観光・レクリエーションの性格も強く、従前から水面の利用も一部行なわれてきていたため、親水護岸の整備は都市内の身近なレクリエーション機能向上に寄与することが期待される。

■ 基本ゾーニング図

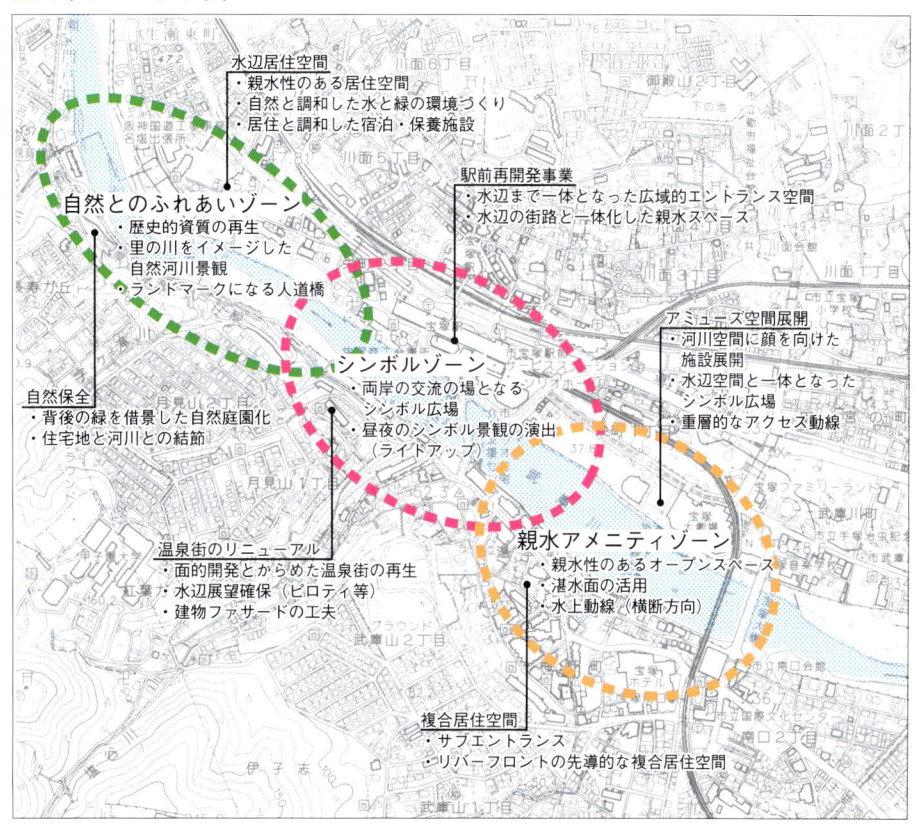

出典：パンフレット「武庫川マイタウン・マイリバー」兵庫県・宝塚市

■ 事業経緯

| | |
|---|---|
| 平成4年1月 | 武庫川がマイタウン・マイリバー整備事業として建設省より指定 |
| 平成3年4月～平成5年1月 | 整備に関する基礎調査開始 |
| 平成5年2月～平成6年3月 | 武庫川マイタウン・マイリバー整備計画検討委員会 |
| 平成8年4月 | 武庫川マイタウン・マイリバー整備事業の整備計画が建設省より認定 |

資料：パンフレット「武庫川マイタウン・マイリバー」兵庫県・宝塚市

### [河川の事業]

- **都市基盤河川改修事業（補助事業）[事業主体：兵庫県、事業期間：昭和 62 年度～]**
  - 宝塚駅周辺下流の左岸 1,450 m、右岸 1,700 m の区間について、親水護岸の整備や観光ダム、噴水整備（既存施設の機能復旧）などを実施している。

### [まちの事業]

- **市街地再開発事業（補助事業）**
  **[事業主体：湯本第1地区市街地再開発組合、事業期間：平成 3 年度～平成 10 年度]**
  - 湯本第 1 地区第一種市街地再開発事業（面積：約 0.6 ha）として、既存の老朽市街地の更新と都市基盤を一体的に整備し、市街地の改善を行った。
  - 再開発事業を行った湯本第 1 地区だけでなく、その上・下流の武庫川沿い 350 m（内、湯本第 1 地区 150 m）の沿川に高度利用地区が指定されている。

- **街路事業（補助事業）[事業主体：宝塚市、事業期間：平成 3 年度～平成 11 年度]**
  - 都市計画道路として計画決定されていた宝塚駅南口線、新宝来橋の架け替え整備がなされた。

- **宝塚市都市景観条例**
  - 当条例は昭和 63 年 3 月に制定されており、この中で都市の骨格を形成し、優れた景観を有している河川及びその沿川一帯を河川景観形成地区として、景観誘導を図っている。

## 3 一体的整備の特徴

　武庫川の宝塚駅周辺は、古くから河川沿いに旅館等が立地しており、河川管理用通路もなく、河川に近づけなかった。

　湯本第 1 地区の再開発は、河川区域を境に河川とまちづくり事業を区分して実施している。再開発用地の奥行が狭かったために、河川管理用通路（河川管理者としては 5 m を要望）は確保されなかったが、河川側に公開空地を設置し、ここから河川敷までの階段を整備することで、まちから河川への連続性を確保している。

　河道幅に余裕のある区間は広い河川敷を整備して、沿川のレジャー施設と一体的に利用できる親水空間を創出している。高水敷の部分については、宝塚市の公園による占用を予定している。

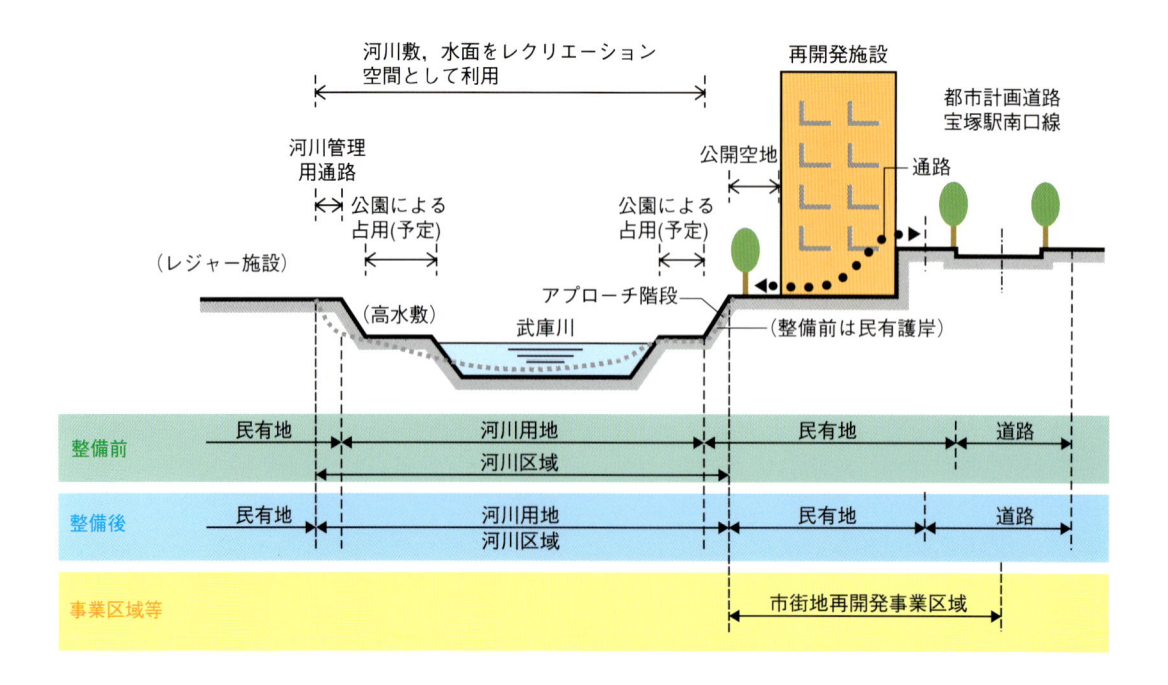

| 項　目 | | 河川とまちの分担関係 |
|---|---|---|
| 河川区域および権原の設定 | | ・河川区域＝河川用地<br>（整備前の民有護岸は護岸改修の際に用地買収） |
| まちづくり上の区域設定 | | ・市街地再開発事業の区域と河川区域との重複はなし。 |
| 費用負担 | 用地費 | ・河川管理者による買収 |
| | 整備費 | ・河川管理者による整備<br>［都市基盤河川改修事業－補助事業］<br>・高水敷は公園（宝塚市）による整備<br>・民有地の公開空地からの河川への階段は河川管理者が整備。公開空地は再開発事業で整備 |
| | 維持管理費 | ・河川用地は河川管理者<br>・公園占用部分の上面は宝塚市（予定）<br>・民有地の公開空地は区分所有者 |
| 河川区域の占用 | | ・高水敷を公園として市が占用（予定） |

## 4 一体的整備による効果と今後の展開

[一体的整備による効果]

　湯本第1地区の市街地再開発事業は、河川に隣接し限られた敷地でありながら、まちづくりと河川整備を連携させた事例である。再開発にあわせて道路の整備と河川改修が事業時期を調整して実施されたことも重要である。
　当地区の整備及び宝塚駅周辺のマイタウン・マイリバー整備事業の効果について、以下に整理する。

●河川整備上の効果
　・河川区域の用地の権原が整理された。
　・民有護岸の改修によって治水の安全性が向上した。
　・河川へのアプローチが確保された。
　・水辺、河畔の利用が促進された。

●まちづくり上の効果
　・再開発による防災機能の向上が図られた。
　・河川敷の整備により、親水性のある新しい都市内レクリエーション空間が創出された。
　・護岸改修等によって都市景観が向上した。

●民間事業者のメリット
　・護岸の改修により、宅地の安全性が向上した。
　・河川を活かした建築物のデザインが行われ、地域の魅力が高まり、不動産価値の向上が期待できる。

[今後の展開の可能性]

　・宝塚駅周辺の武庫川沿川は、民有護岸となっている区間も多く、老朽化した護岸もみられる。
　・市街地再開発事業あるいは個別開発による更新に際し、河川改修をスポット的に展開し、護岸の改修と一体的に整備を進めていくパターンは、沿川市街地の整備にとって有効である。
　・また、湯本第1地区の再開発のように、河川管理用通路が確保できないような限られた用地でも、沿川の高度利用と公開空地、通路の配置の工夫によって、河川とまちを結ぶことができ、都市内河川における他地区での展開の可能性は高い。

## 5 事例写真

[整備前]

出典：パンフレット「湯本第1地区市街地再開発事業」湯本第1地区市街地再開発組合

[整備後]

出典：パンフレット「湯本第1地区市街地再開発事業」
湯本第1地区市街地再開発組合

---

**問い合わせ先**
兵庫県 県土整備部 土木局 河川整備課：Tel.078-341-7711（代表）
宝塚市 都市創造部 市街地整備課：Tel.0797-71-1141（代表）

## 事例9
# 兵庫県神戸市 都賀川/都賀川公園

■位置図

| 河川名 | 都賀川 |
|---|---|
| 河川の指定区分 | 二級河川 |
| 河川管理者 | 兵庫県知事 |

資料：神戸国際港都建設計画総括図

## 1 地区の概要

　都賀川は、六甲山から流下する杣谷（そまや）川と六甲川の合流点から都賀川となって、神戸市灘区の中心部を流れる二級河川である。表六甲には、都賀川の他に住吉川、生田川、新湊川などの市街地を流れる同様の河川が多くあり、山と海の距離が非常に近いために急流となって一気に海まで流れるのが特徴となっている。

　兵庫県では昭和13年、42年の大規模な水害を契機に、河川改修事業を推進しており、都賀川も治水機能の向上とともに清流の復活、河川公園整備といった環境整備に取り組まれてきた。また平成7年1月の阪神大震災を機に神戸市復興計画が策定され、それを受けて防災ふれあい河川の整備が進められている。

　この防災ふれあい河川は「災害に強い河川」と「街づくりと一体となった川」の整備を基本に、平常時の機能と災害時の機能を複合させ、河川をまちづくりに活かしつつ安全で快適な都市づくりをめざすものである。都賀川沿いには、都市計画公園が決定されており、沿川地域には商業施設、文化施設、西郷の酒蔵群などが分布していることから、防災ふれあい河川として再生するとともに、沿川のまちづくりと一体となった親水性の高いアメニティ空間の整備が進められている。

　都賀川は沿川市民による「都賀川を守る会」が結成されているなど、都賀川がコミュニティの拠点ともなっている。

## 2 事業の概要

神戸市復興計画では、河川および河川沿いの緑地・道路を、災害時には避難路・延焼遮断帯および緊急車輌の通行路のほか消防用水源、断水時の生活用水の取水などの利水機能を有し、平常時には水と緑にふれあえるアメニティ豊かな空間として機能する、河川緑地軸として一体的に整備する方針を示している。

この方針にもとづく防災ふれあい河川は、「河川が洪水対策を中心に整備されてきたが、震災の教訓から川という都市の中の貴重な空間を都市計画に十分に活用するため、普段は水に親しめる心地よい川、そしていざという時は都市災害から住民を守ってくれる川づくり」を基本に、下表のような河川施設の整備を行っている。

なお、都賀川の沿川は、都市公園の都賀川公園が1km以上にわたり、軸状に都市計画決定されており、河川と公園が一体となって整備が進んでいる。

■防災ふれあい河川整備の河川施設

| 施設 | 常時の機能 | 災害時の機能 |
|---|---|---|
| 階段護岸 | ・親水性を高める。<br>・単調な河川景観にアクセントを付けることができる。 | ・緊急避難時、対岸に渡ることができる（渡り石等との組合わせ）。<br>・消火用水の取水が容易。 |
| 階段 | ・河川管理上利用価値が高い。 | ・断水時、生活用水の取水場として利用。 |
| スロープ（斜路） | ・高齢者や身障者等、より多くの人の利用が可能。 | ・消防車両等、直接乗り入れが可能。 |
| 渡り石 | ・親水行為とともに、流れに変化が生じ、河道景観のアクセントになる。 | ・消火水源確保のため、河川水堰上げの堰柱として利用。 |
| 低水路整備（複断面化） | ・水深、流速を親水活動レベルにする。<br>・高水敷を散策等に利用可能にする。 | ・低水路の幅が狭くなるため河川水の堰上げが容易になる。<br>・高水敷が避難路に。 |
| 河川プール（低水路整備） | ・水量が少ない時期でも水面が確保でき親水性が高まる。 | ・消火用水源の確保。 |
| 管理用通路 | ・遊歩道やジョギング、サイクリング道路の一部として利用。 | ・救急車両通行路として利用。<br>・河川幅員に管理用通路の幅員が加わることで延焼防止効果が高まる。 |
| 並木 | ・季節感を生み出す河川景観のアクセントとなり、木陰は休息場所となる。<br>・鳥や昆虫などの生息環境の整備が図れる。 | ・延焼防止効果が高まる。 |

出典：パンフレット「人と川」兵庫県県土整備部

### [河川の事業]

- ●広域基幹河川改修事業(補助事業)
  [事業主体:兵庫県、事業期間:平成8年度～平成16年度(予定)]
  - ・震災後の護岸の復旧や河床工事を行い、防災機能を高めるとともに、平常時の河川空間の魅力を高めるための河川利用や生態系に配慮した改修事業を実施している。

### [まちの事業]

- ●都市公園事業(補助事業)[事業主体:神戸市、事業期間:平成9年度～平成11年度]
  - ・河川沿いに防災拠点として機能する公園を一体的に整備している。この整備にあたっては、河川の親水施設へのアプローチと公園施設の配置計画が相互に調整された。

■河川緑地軸の概念

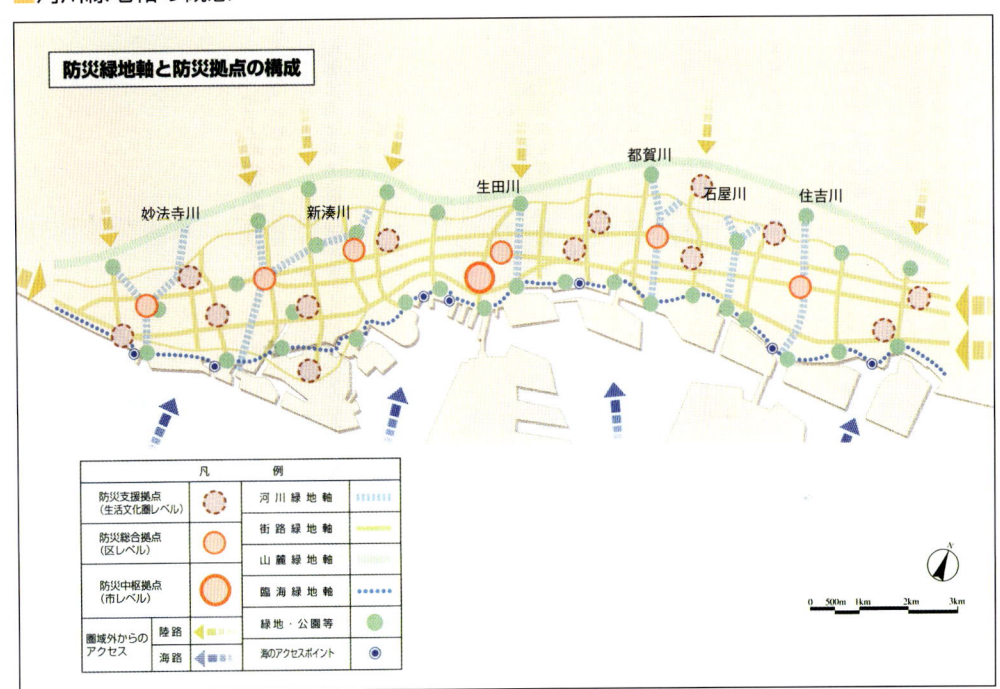

**防災緑地軸と防災拠点の構成**

出典:「神戸市復興計画」神戸市(一部加筆)

## 3 一体的整備の特徴

　都賀川は、神戸市街地部の河川緑地軸として位置づけられ、河川沿いに都市計画公園の都賀川公園が計画決定され、整備が進められてきた。当地区は灘区役所の下流区間であり、震災を教訓に河川と公園を一体的に整備した事例である。

　河川と都賀川公園など後背地にあたる公園と一体的な整備を行い、親水性の高いアメニティ空間を確保するとともに、公園内には河川の水を取り込んで公園内の流れとして活用する整備も実施している。

　河川区域を境界に河川と公園のそれぞれの事業が行われているが、河川については、前項の「防災ふれあい河川整備の河川施設」に示した施設を公園と連携して整備している。豊かな水量を活かした多自然型低水路、河床の整備が進められ、両岸の公園とともに市街地内の潤いある水と緑の軸が形成されている。設計デザインも一体的に行っており、河川の高水敷への斜路は一部公園内通路が利用されている。

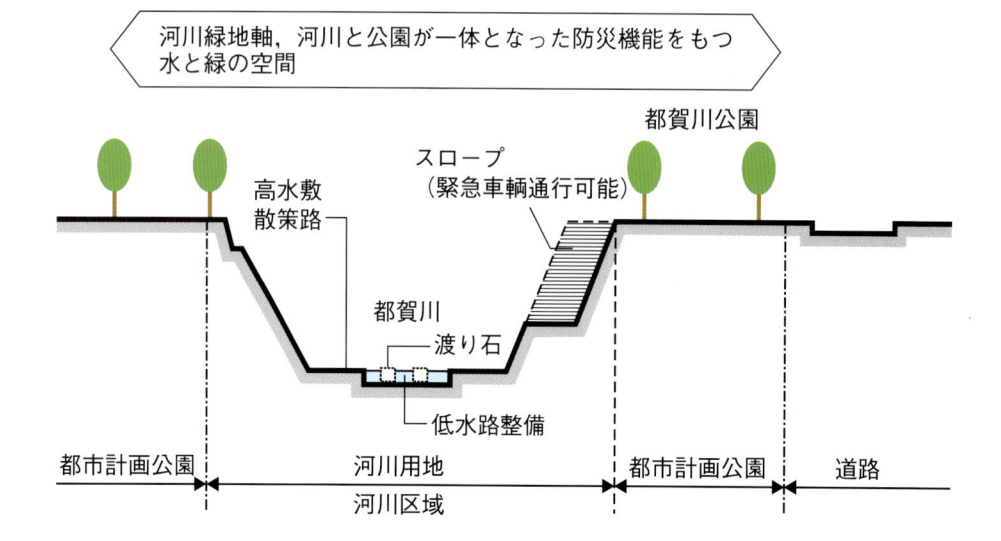

河川緑地軸，河川と公園が一体となった防災機能をもつ水と緑の空間

（断面図：都市計画公園｜河川用地｜都市計画公園｜道路　河川区域。高水敷散策路、スロープ（緊急車輌通行可能）、都賀川、渡り石、低水路整備、都賀川公園）

| 項　目 | | 河川とまちの分担関係 |
|---|---|---|
| 河川区域および権原の設定 | | ・河川区域＝河川用地 |
| まちづくり上の区域設定 | | ・河川区域と都市計画公園の区域の重複はなし |
| 費用負担 | 用地費 | ・用地買収はなし |
| | 整備費 | ・河川区域を境界に、河川は河川管理者<br>　［広域基幹河川改修事業－補助事業］<br>・公園部分は市 |
| | 維持管理費 | ・河川・公園それぞれの管理者が負担<br>・河川区域内の階段、傾斜護岸、スロープ等は兼用工作物として、管理協定により維持管理区分を決定する予定 |
| 河川区域の占用 | | ・占用はなし |

## 4 一体的整備による効果と今後の展開

### [一体的整備による効果]

　都賀川の河川改修と、都市計画決定されていた都賀川公園の一部が一体的に整備され、平常時と災害時の機能をあわせもった河川空間として再生された。

　高密度な市街地において、この河川緑地軸は延焼防止機能も有し、また日常は都市の潤いある空間として利用されている。

● 河川整備上の効果
- 河川へのアプローチ空間（階段や車の入れるスロープ）の一部を公園内に設置でき、用地費負担が軽減された。
- 災害時に河川を多目的に利用することが可能となり、都市防災機能の向上に寄与した。
- 河川を親水空間として市民に開放し、活用されている。

● まちづくり上の効果
- 河川と公園が一体となった防災拠点の形成、利用がなされている。
- 水遊び、散策など、日常身近に水辺を感じることができ、まちの潤いが向上した。
- 河川と沿川の公園・緑地を軸とした良好な都市景観形成の促進が図られた。
- 緊急時の生活用水確保も可能となり、あわせて市民の河川への安心感、愛着心が向上した。

### [今後の展開の可能性]

- 神戸市では、河川緑地軸を防災面だけでなく、環境や景観、緑のネットワークの面からも重要な構成要素として位置づけ、戦略的な整備に取り組んでいる。
- 都市内においては河川のみで、沿川に充分な緑地空間を確保していくことは難しいが、当地区では河川を公園や緑地と一体的にとらえていくことで、潤いのある都市環境を形成している。
- 河川の整備も平常時と災害時の利用に配慮した設計となっており、都市防災に河川を積極的に位置づけ、その具体的な活用を考えていくうえで、他都市でも参考となる。

## 5 事例写真

[整備後]

問い合わせ先
兵庫県 県土整備部 土木局 河川整備課：Tel.078-341-7711（代表）
神戸市 建設局 公園砂防部 施設課：Tel.078-322-5426

## 事例10
# 広島県広島市
# 京橋川/JALシティ広島

| 河川名 | 京橋川（太田川水系） |
|---|---|
| 河川の指定区分 | 一級河川（指定区間） |
| 河川管理者 | 広島県知事 |

■位置図

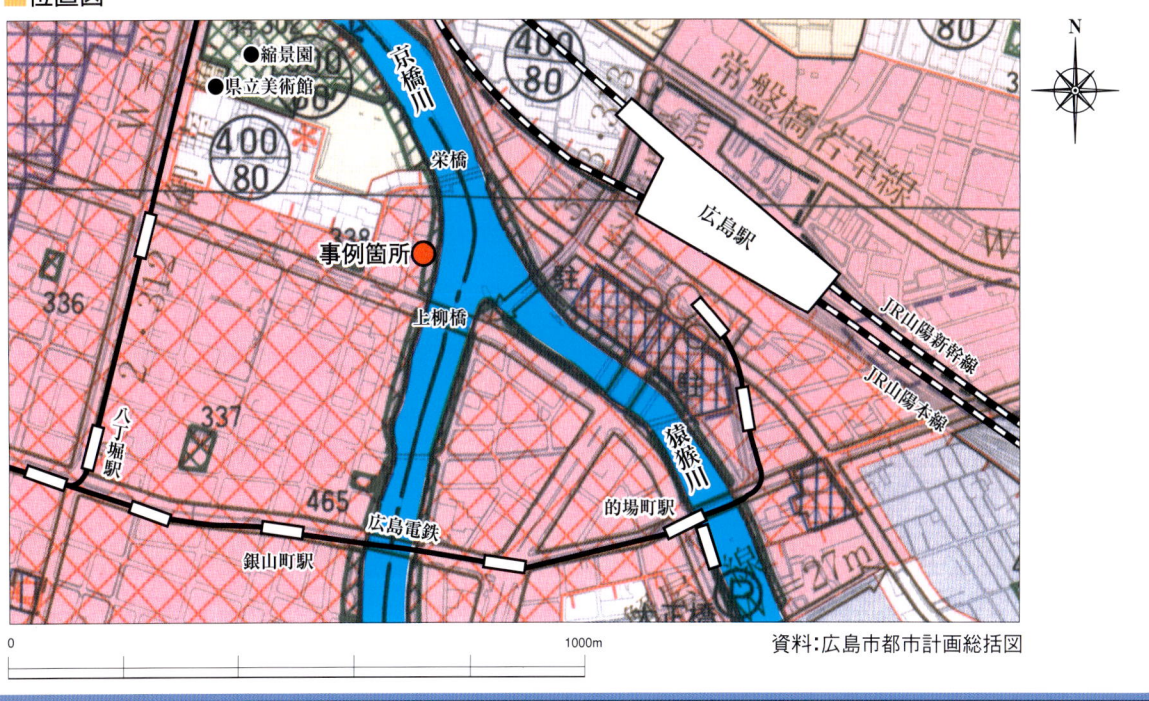

資料：広島市都市計画総括図

## 1 地区の概要

　広島市は、太田川と6つの派川により形成されたデルタ地帯に、中国地方の政治・経済の中枢機能が集積する中心市街地が形成され、古くから"水の都"と言われてきた。第二次世界大戦末期、原爆投下により中心市街地が壊滅的な打撃を受けた広島市は、「広島平和記念都市建設計画」において、市内を南北に貫く河川美を活かすため京橋川を含む都心地区の河川沿いに21.32haの河岸緑地を昭和27年に都市計画決定した。

　京橋川・猿猴川分岐部は、都心地区の中でも、陸の玄関口となるJR広島駅に隣接する重要な位置にあり、市街地と川が一体となった水辺空間づくりが進められている。すでに、ホテルJALシティ広島が位置する京橋川右岸の栄橋から上柳橋までの間の河岸緑地は平成4年に整備されており、ホテル敷地はこれに接している。ホテル建て替えにあたりホテルの川側に設けた公開空地と河岸緑地の一部をボードデッキなどで一体的にホテルの負担により整備し、人々の休憩、散策の場となっている。

## 2 事業の概要

### [広島市の河川を活かしたまちづくり]

広島市の中心市街地が位置する太田川デルタ地帯を対象に、河川管理者である国土交通省、広島県、そしてまちづくりおよび河岸緑地の管理主体である広島市が協力して、平成2年3月に「水の都整備構想」を策定し、まちづくりと一体となった水辺空間の形成に向けて、長期的な方向性を示した。

一方、広島市では「広島市都市美計画(昭和56年)」、「広島市HOPE計画(昭和60年)」で示された良好な河川空間の景観形成とリバーフロント住宅建設の推進を実現するため、平成元年に「リバーフロント建築物等美観形成協議制度」を創設した。さらに、その後策定された「水の都整備構想」の具現化に向けて、平成7年には、川に顔を向けた人々が集い楽しむことができるまちづくりを進めるために、JR広島駅周辺の京橋川・猿猴川沿いの地区をモデル地区とした「水の都モデル整備計画」を策定し、市街地再開発事業や橋梁架け替え事業に併せて整備を進めており、平成8年に「リバーフロント地区地区計画」の都市計画決定を行うなど、"水の都"の実現に向けて環境整備を進めてきた。

■計画経緯

| | |
|---|---|
| 昭和56年 | 広島市都市美計画策定 |
| 昭和60年 | 広島市HOPE計画策定 |
| 平成元年 | リバーフロント建築物等美観形成協議制度創設(広島市) |
| 平成2年 | 水の都整備構想策定(建設省、広島県、広島市) |
| 平成4年 | 河岸緑地整備事業完了(広島市) |
| 平成7年 | 水の都モデル整備計画策定(広島市) |
| 平成8年 | リバーフロント地区地区計画都市計画決定(広島市) |
| 平成11年 | ホテルJALシティ広島 開業 |

### [まちの事業]

ホテルJALシティ広島の建設にあたっては、建設予定地が「水の都モデル整備計画」の早期整備区域内にあるため、「リバーフロント建築物等美観形成協議制度」に基づく協議の事前相談にあたり、誘導的な観点から地域総合整備資金貸付の可能性や総合設計制度を説明し、河岸緑地と民有地の一体的整備や通り抜け通路、公衆用トイレの設置などについて協議を行い、事業者の理解を得て整備が行われたものである。

● 河岸緑地整備事業(補助事業:都市公園事業)
　[事業主体:広島市、事業期間:昭和55年度〜]
・河川区域内(堤防の天端及び堤内地側部分)を緑地として都市計画決定し、公園として占用するとともに遊歩道や植栽等を整備している。なお、当地区に接する区間は平成4年に整備が完了している。

● リバーフロント建築物等美観形成協議制度[平成元年制度創設(広島市)]
・デルタ市街地内の河川及び港湾の護岸から200m以内の地区で行われる一定規模以上の建築行為、屋外広告物の設置に際し、事前に市(都市政策部都市デザイン係あるいは区役所建築課)と届出・協議を行う市独自の制度である。
・これによりホテルJALシティ広島は、河岸緑地への歩行者通り抜け通路等を整備した。

- ●リバーフロント地区地区計画［都市計画決定：平成8年3月（広島市決定）］
    - ・都心地区の京橋川・猿猴川沿い約30.2 haを対象とした地区計画である。そのうち、一部の地区では、建物用途、敷地面積、壁面後退に関して一定の要件を満たさない場合、基準容積率を200％及び100％減じている。
    - ・ホテルJALシティ広島は京橋川沿岸地区B地区に該当し、要件（1階部分の用途：住宅以外など）を満たしているため、基準容積率の使用が可能となった。

■リバーフロント地区地区計画区域図

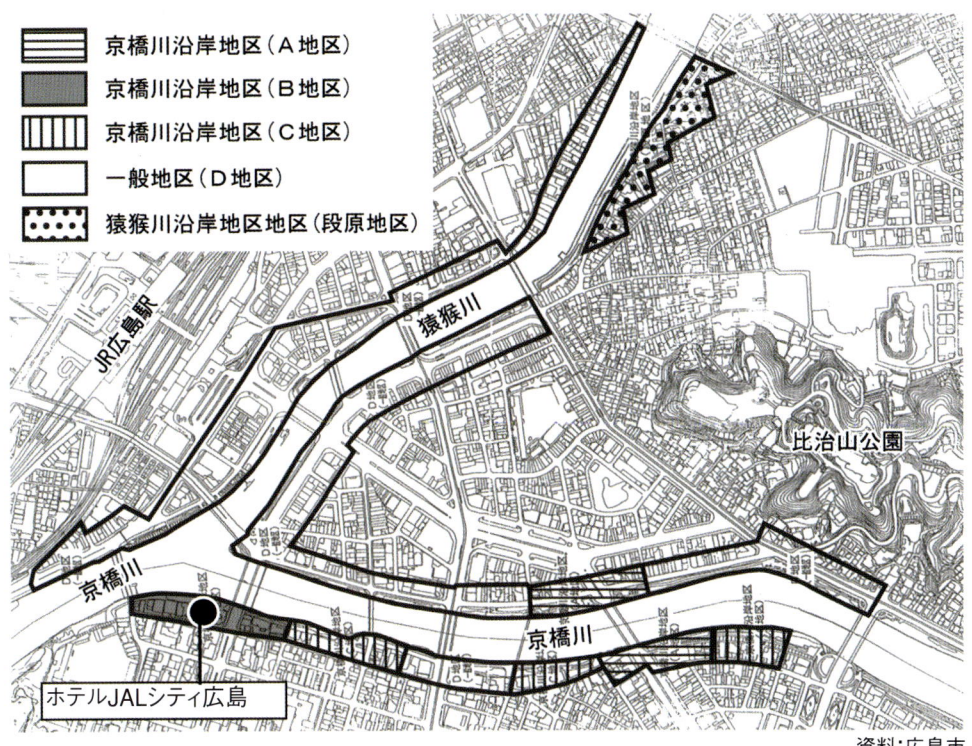

凡例：
- 京橋川沿岸地区（A地区）
- 京橋川沿岸地区（B地区）
- 京橋川沿岸地区（C地区）
- 一般地区（D地区）
- 猿猴川沿岸地区地区（段原地区）

資料：広島市

〔京橋川沿岸地区B地区における基準容積率使用の要件〕
1. 建築物の1階部分を、つぎに掲げる用途に供しない建築物であること。
    (1) 住宅（1階部分の床面積のうち、住宅の用に供する部分の床面積が2分の1以下の場合を除く。）
    (2) 倉庫業を営む倉庫
    (3) 工場（店舗、事務所等に付設されるものを除く。）
2. 建築物の敷地面積が、200㎡以上であること。

- ●総合設計制度
    - ・ホテルJALシティ広島は、河岸緑地に面して公開空地を設置したこと、通り抜け通路に面して公衆用トイレを設置したことなどにより、基準容積率に割り増しされた。
- ●地域総合整備資金貸付
    - ・地域総合整備資金貸付（ふるさと融資）は、貸付要件を満たす民間事業に対して地方公共団体が借入金額の20％を限度とし、15年間無利子で貸付ける制度である。広島市では平成7年に地域総合整備資金貸付要綱を制定した。
    - ・本事業は、公開空地・公衆用トイレ・通り抜け通路といった公益性、新たな雇用（10人以上）、設備投資額（1億円以上）、3年以内の営業開始といった貸付要件を満たしており、（財）地域総合整備財団の調査・検討の後、貸付が決定されたため、当該貸付の活用が可能となった。

■ 各種事業の手続きの流れ

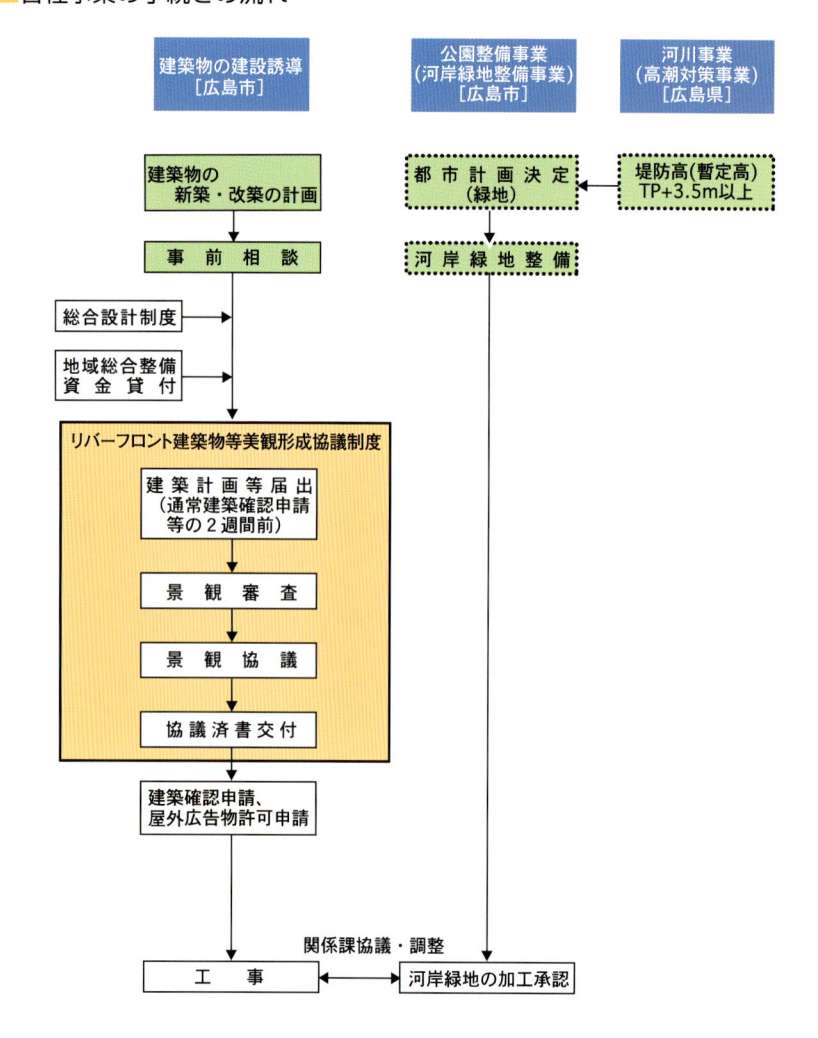

```
建築物の建設誘導          公園整備事業         河川事業
  [広島市]            (河岸緑地整備事業)   (高潮対策事業)
                        [広島市]          [広島県]

建築物の              都市計画決定  ←  堤防高(暫定高)
新築・改築の計画         (緑地)         TP+3.5m以上
    ↓                   ↓
 事 前 相 談           河岸緑地整備
    ↓
 総合設計制度
    ↓
 地域総合整備
 資金貸付
    ↓
┌─ リバーフロント建築物等美観形成協議制度 ─┐
│  建 築 計 画 等 届 出                    │
│  (通常建築確認申請                       │
│   等の2週間前)                           │
│        ↓                                │
│    景 観 審 査                           │
│        ↓                                │
│    景 観 協 議                           │
│        ↓                                │
│    協 議 済 書 交 付                     │
└──────────────────────────────────────┘
    ↓
 建築確認申請、
 屋外広告物許可申請
    ↓        関係課協議・調整
 工   事  ←──────────→  河岸緑地の加工承認
```

■ 施設配置図

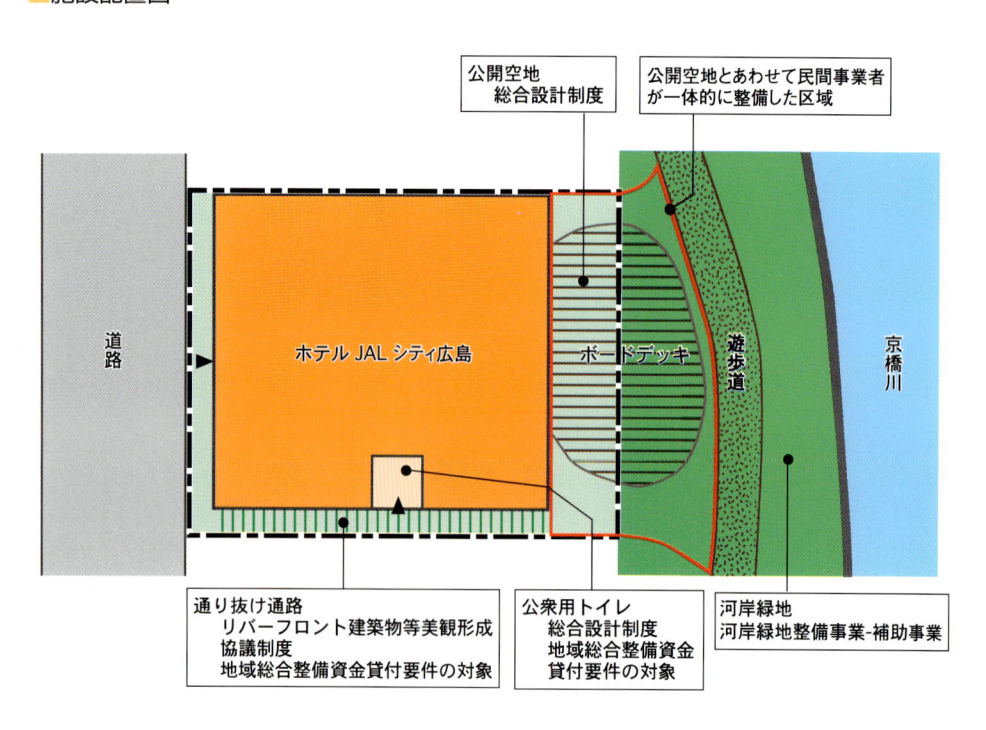

施設配置図（道路／ホテルJALシティ広島／ボードデッキ／遊歩道／京橋川）

- 公開空地　総合設計制度
- 公開空地とあわせて民間事業者が一体的に整備した区域
- 通り抜け通路
  - リバーフロント建築物等美観形成協議制度
  - 地域総合整備資金貸付要件の対象
- 公衆用トイレ
  - 総合設計制度
  - 地域総合整備資金貸付要件の対象
- 河岸緑地
  - 河岸緑地整備事業-補助事業

## 3 一体的整備の特徴

京橋川は、河川断面が既に確保されていることから、河川整備事業としては、高潮対策事業による護岸改修が中心となっており、現在、下流から順次整備が進められている。

当地区付近は暫定整備であり、将来は現堤防を前出しする形で整備が予定されている。

当地区は、ホテル建て替えに際し、公開空地と河岸緑地の一部を一体的に整備することで、民有地と河岸緑地が一体となった良好な河川空間の形成を行っている。

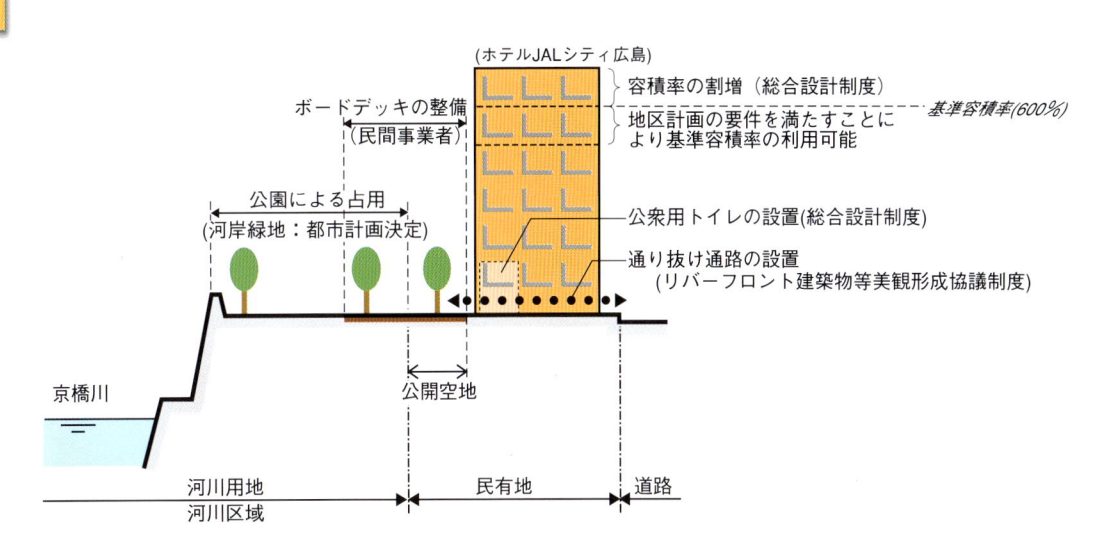

断面図:
- 京橋川 / 河川用地（河川区域）
- 公園による占用（河岸緑地：都市計画決定）
- ボードデッキの整備（民間事業者）
- 公開空地 / 民有地
- ホテルJALシティ広島
  - 容積率の割増（総合設計制度）
  - 地区計画の要件を満たすことにより基準容積率の利用可能
  - 基準容積率(600%)
  - 公衆用トイレの設置(総合設計制度)
  - 通り抜け通路の設置（リバーフロント建築物等美観形成協議制度）
- 道路

| 項目 | | 河川とまちの分担関係 |
|---|---|---|
| 河川区域および権原の設定 | | ・河川区域＝河川用地 |
| まちづくり上の区域設定 | | ・河川区域と民間開発区域の重複はなし（ただしボードデッキ整備部分は一部重複） |
| 費用負担 | 用地費 | ・用地費はなし |
| | 整備費 | ・河岸緑地は市［河岸緑地整備事業（都市公園事業－補助）］<br>・河岸緑地内のボードデッキ整備は民間事業者 |
| | 維持管理費 | ・河岸緑地は市<br>・河岸緑地内のボードデッキは整備後10年間は民間事業者が負担し、その後は河岸緑地管理者である市が負担 |
| 河川区域の占用 | | ・市が公園として占用 |
| 民間事業者へのインセンティブ | | ・河岸緑地側に公開空地を設置したことなどによる容積率の割り増し（総合設計制度）<br>・公益性の確保や雇用の創出を前提とした地域総合整備資金貸付の活用<br>・河岸緑地と公開空地の一体的整備により、公開空地以上の広がりを確保 |

## 4 一体的整備による効果と今後の展開

### ［一体的整備による効果］

　広島市では河川を活かしたまちづくりを積極的に推進しており、これを支援するための様々な独自の制度が用意されている。
　当地区は、民間事業者がその考え方を十分理解し、広島市との充分な調整のもとに民有地と河川用地の一体的整備が実現した事例である。

●河川整備上の効果
- モデル的な沿川の建築物更新が実施されたことにより、良好な河川空間形成に向けて他の民間事業者の意識が高揚した。

●まちづくり上の効果
- 線的に連続する河岸緑地上に、新たな魅力ある空間が整備された。
- 道路と河岸緑地を結ぶ通り抜け通路が設置され、河川へのアクセス性が高まった。
- 民間事業者の発意によりボードデッキが整備されるとともに、建物内に一般利用が可能な公衆用トイレが設置された。

●民間事業者のメリット
- 河岸緑地に隣接して公開空地を設置したことなどにより容積率の割増が得られた。
- 公開空地だけでなく河岸緑地も含んだ一体的な整備を行ったことにより、より多くの空間的な広がりを確保できた。

### ［今後の展開の可能性］

- 良好な河川空間形成に向けて、ビジョンが明確に示されており、また沿川建築物の誘導のための制度も準備されている。
- このように、河川と都市の一体的計画の策定とこれを実現するための規制・誘導策、事業制度が体系的に整備されていることは極めて重要なことであり、河川を活かしたまちづくりを展開するための先進的な事例である。
- 今後、沿川での建築物更新とあわせて河川や河岸緑地と一体的な河川空間の形成が展開されることが予想される。
- 当地区のように土地利用の高度化が望まれる都市中心部において、地区計画制度や総合設計制度を活用した沿川建築物の誘導手法は、展開の可能性が高い。

## 5 事例写真

［整備前］

写真提供：広島市

［整備後］

ボードデッキの
憩いの風景

写真提供：広島市

事例10　広島県広島市 ●京橋川／JALシティ広島

---

問い合わせ先
広島県 広島地域事務所 建設局 維持管理課（河川事業）：Tel.082-250-8154
広島市 都市計画局 都市政策部 都市政策係：Tel.082-504-2676

事例11

# 広島県広島市
# 古川/古川リバーサイド地区

| 河川名 | 古川（太田川水系） |
|---|---|
| 河川の指定区分 | 一級河川 |
| 河川管理者 | 国土交通大臣 |

■ 位置図

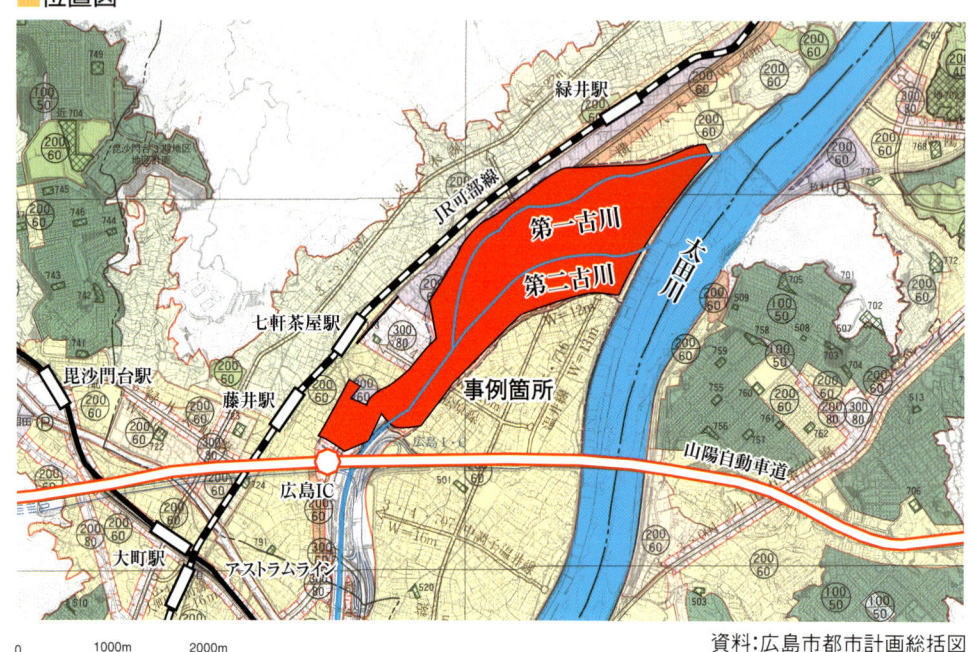

資料：広島市都市計画総括図

## 1 地区の概要

　古川リバーサイド地区は、JR広島駅から北に約9km、山陽自動車道広島インターチェンジ北側の古川沿いに位置する。地区内を広島市と山陰地方・芸北地域を結ぶ国道54号が通り、南に山陽自動車道広島インターチェンジが位置する等交通利便性が高く、広島市が進める多心型都市づくりの一翼を担う広域拠点として位置づけられている。また西側に阿武山、権現山の山並み、東に太田川、地区内には太田川から分流する第一古川及び第二古川の2つの河川が流れる水と緑豊かな自然環境に抱かれた地区である。

　当地区は、古くは度重なる洪水被害にあっていたが、下流部の太田川の放水路完成により、昭和44年に太田川分流口が締め切られたため治水安全性が高まったことに加え、国道54号沿道に小規模な商業施設が建ち並ぶ等都市的な土地利用の進展が見られ、早急な都市基盤整備が必要となってきた。

　このような背景から、都市基盤整備と地域拠点としてふさわしい土地利用の高度化推進と、古川という貴重な自然資源の活用により、豊かな自然と調和した活力と潤いある良好な市街地形成を図るため、土地区画整理事業と河川事業を一体的に実施することとなった。この実現に向けて、地域拠点として国道54号沿いに商業系土地利用を誘導するとともに、自然軸としての古川の整備、古川沿いへの公園・緑地の配置、地区計画制度の導入による沿川建築物の高さの制限等、ゆとりある河川空間の創出が行われている。

## 2 事業の概要

　古川は、昭和63年に策定された「太田川河川環境管理基本計画」において"憩いのせせらぎ・人と川のふれあい空間"をテーマに設定している。

　これを踏まえて土地区画整理事業との一体的整備を実施し、自然軸として位置付けられた古川沿川の良好な空間形成が行われた。

　この整備にあたっては、土地区画整理事業の都市計画決定（昭和62年）の翌年設立された「佐東地区まちづくり協議会」によるまちづくり計画の策定、第一古川整備計画検討委員会（住民代表、有識者、河川管理者、まちづくり部局で構成）での議論といった住民と行政との協働、さらに第二古川のラブリバー制度認定（平成2年）といった啓発活動も、住民に親しまれる古川づくりに大きく影響している。

### ［河川の事業］

● 直轄河川環境整備事業（直轄事業）
　［事業主体：国土交通省、事業期間：平成7年度～平成11年度］
　・第一古川は、多自然型川づくりを目指して、河川区域内において自然樹木の存置、緩傾斜法面の整備、ワンドの設置、散策路の整備等が実施されている。

● せせらぎ河川改修事業（直轄事業：直轄河川改修事業）
　［事業主体：建設省、事業期間：昭和49年度～昭和56年度］
　・第二古川は、河川を活かしたレクリエーション空間の形成を目指して、水辺に近づける護岸整備、飛び石の設置等を実施した。

### ［まちの事業］

● 土地区画整理事業（補助事業）
　［事業主体：広島市、事業期間：昭和62年度～平成11年度］
　・地区全体の都市基盤の充実と宅地利用の増進を図るため、市施行による土地区画整理事業（約84.1ha）を実施した。古川沿いを自然軸として位置付け、公園6カ所、緑地1カ所を古川沿いに配置し、河川と一体的な空間が形成されている。

---

〔事業名称〕広島圏都市計画事業古川土地区画整理事業
〔施行者〕広島市　　〔面積〕約84.1ha
〔施行期間〕昭和62年度～平成11年度
　・都市計画決定：昭和62年　・事業計画決定：昭和62年　・換地処分：平成11年
〔総事業費〕約123億円　　〔平均減歩率〕23.72％（公共/22.33％、保留地/1.39％）

---

［施行前］

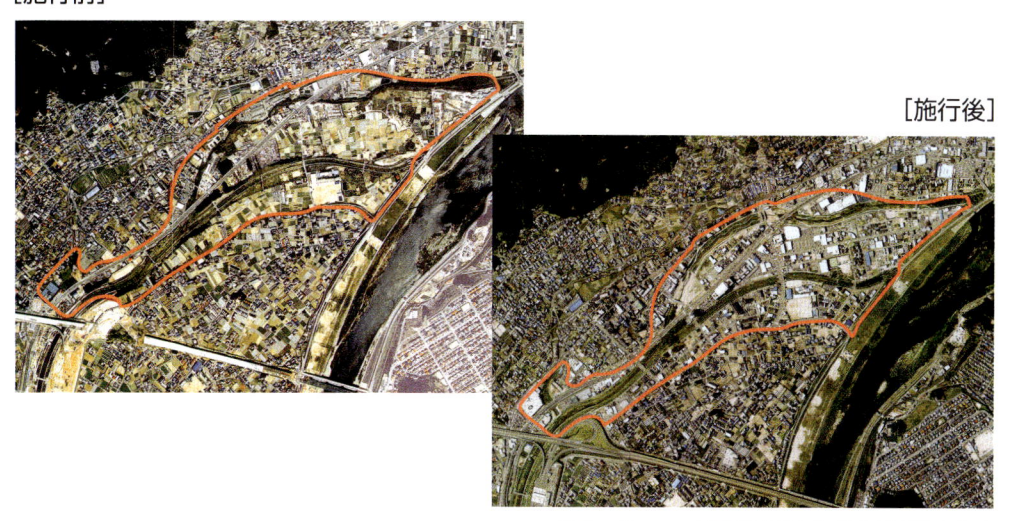

［施行後］

出典：パンフレット「古川土地区画整理事業」広島市

## ●古川リバーサイド地区地区計画［都市計画決定:平成5年2月（広島市決定）］

・土地区画整理事業区域及びその周辺のまちづくりを考える佐東地区まちづくり協議会で策定された「佐東地区まちづくり計画」で位置付けられた土地利用の誘導と、賑わいのある自然との触れあいゾーン形成に向けて、地区全体に地区計画及び地区整備計画が指定されている。なお古川沿いでは、以下のような建築物等に関する事項が規定されている。

○**建築物の高さの最高限度**：国道54号沿いの一部地区を除き、古川の河川境界から20m以下の範囲内において、建築基準法第68条の2に規定する条例により建築物の高さを制限し、古川の自然環境や生態系を保全するとともに、連続性、統一性のある古川沿いの街並み形成を図る。なお、河川境界から壁面を後退することにより高さが緩和される。

○**「かき」又は「さく」の構造の制限**：道路や古川側の圧迫感を軽減し、緑化を推進するため、設置可能な「かき」又は「さく」の構造を制限している。

■建築物の高さ制限の考え方

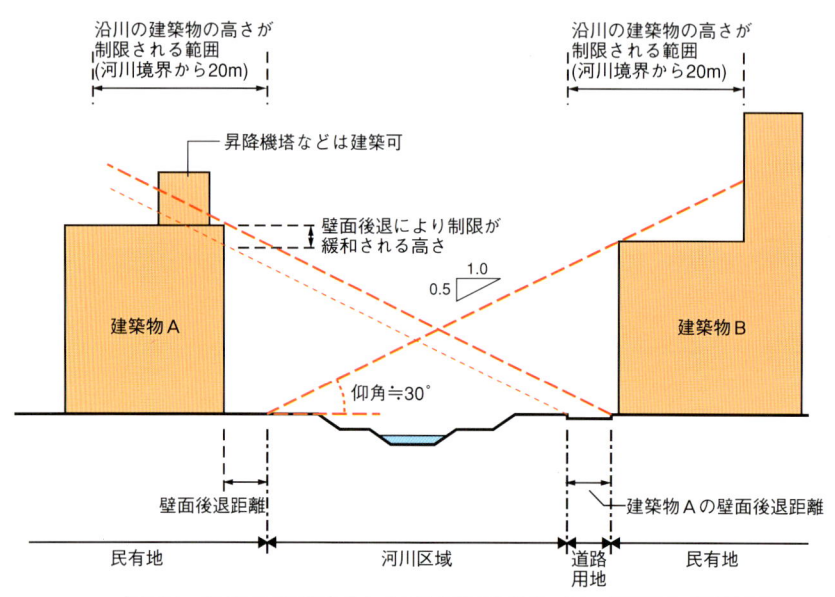

［図：建築物Aと建築物Bの高さ制限の断面図。沿川の建築物の高さが制限される範囲（河川境界から20m）。昇降機塔などは建築可。壁面後退により制限が緩和される高さ。勾配0.5:1.0。仰角≒30°。壁面後退距離、河川区域、道路用地、民有地を示す。］

仰角≒30°：対岸から見て圧迫感がなく、かつ建築物を全体として眺望できるよう無理なく視野におさめられる最小値

建築物の高さに参入されないもの：階段室、昇降機塔、装飾塔、物見等その他これらに類するもので基準を満たすもの

資料:「古川リバーサイド地区地区計画の概要」広島市

■ 設置可能な「かき」又は「さく」の構造

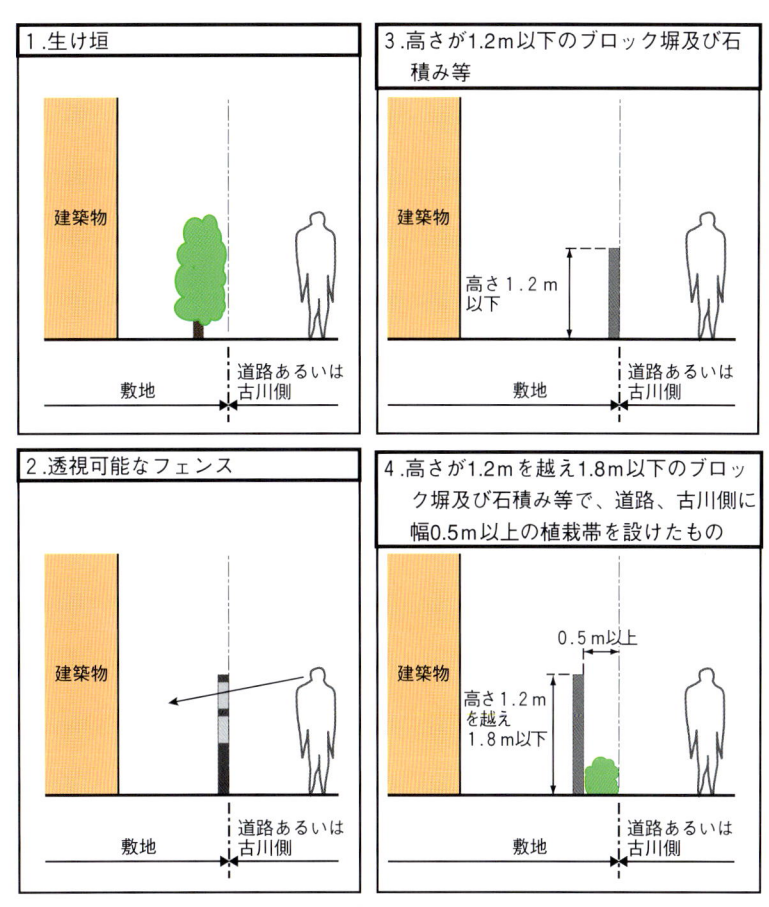

| 1. 生け垣 | 3. 高さが1.2m以下のブロック塀及び石積み等 |
| 2. 透視可能なフェンス | 4. 高さが1.2mを越え1.8m以下のブロック塀及び石積み等で、道路、古川側に幅0.5m以上の植栽帯を設けたもの |

資料:「古川リバーサイド地区地区計画の概要」広島市

■ 事業経緯

| | 河川整備 | まちづくり |
|---|---|---|
| 昭和46年 | 第二古川:せせらぎ河川改修事業着工 | |
| 昭和56年 | 第二古川:せせらぎ河川改修事業完了 | |
| 昭和62年 | | 古川土地区画整理事業:都市計画決定 |
| | | 古川土地区画整理事業:事業計画決定 |
| 昭和63年 | 太田川河川環境管理基本計画策定 | 佐東地区まちづくり協議会設立 |
| 平成2年 | 第二古川:ラブリバー制度認定 | |
| 平成5年 | | 古川リバーサイド地区地区計画:都市計画決定 |
| 平成6年 | 第一古川整備計画検討委員会(2回開催) | |
| 平成7年 | 第一古川:直轄河川環境整備事業着工 | |
| 平成11年 | 第一古川:直轄河川環境整備事業概成 | 古川土地区画整理事業:換地処分 |

■ 事業構成図

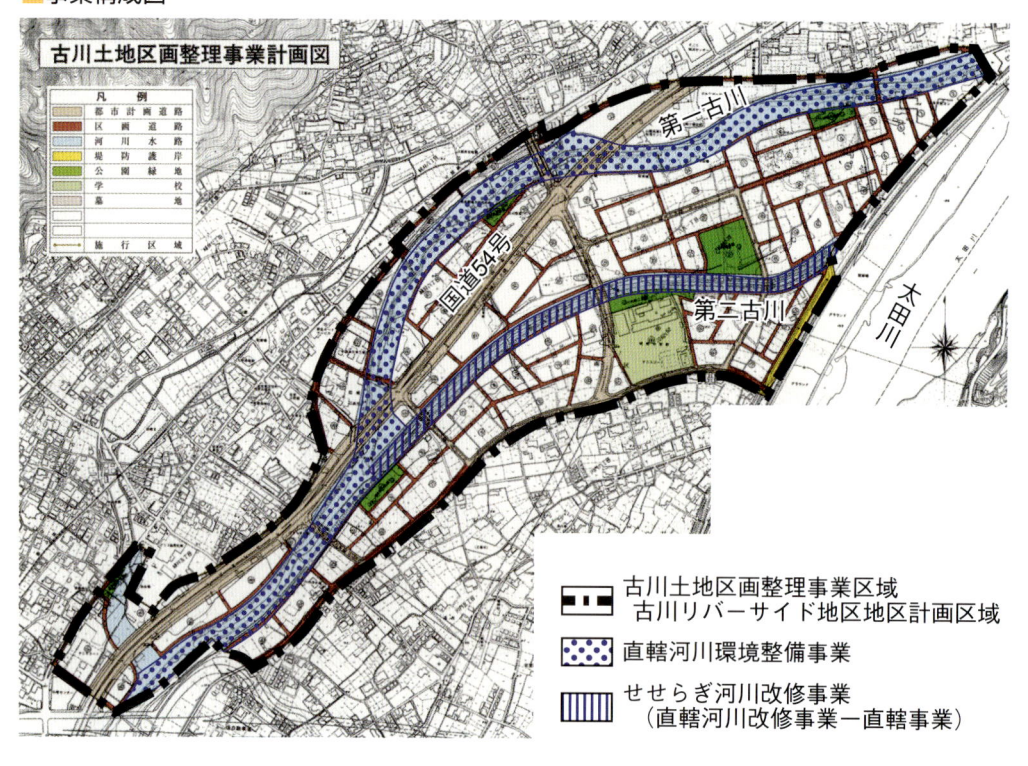

**古川土地区画整理事業計画図**

凡　例
- 都市計画道路
- 区画道路
- 河川水路
- 堤防護岸
- 公園緑地
- 学校
- 墓地
- 施行区域

- 古川土地区画整理事業区域
- 古川リバーサイド地区地区計画区域
- 直轄河川環境整備事業
- せせらぎ河川改修事業（直轄河川改修事業－直轄事業）

## 3 一体的整備の特徴

　古川は、多自然型川づくりを目指してワンドの設置や自然樹木の存置等の整備が行われるとともに、公園や商業施設等に隣接する場所では、法面を芝生張りの緩傾斜とし、休息やレクリエーションの場としての利用が促進されるよう配慮されている。

　また地区計画制度の導入により、沿川建築物の高さの制限や「かき」又は「さく」の構造の制限（生垣等）が行われた結果、緑豊かでゆとりある河畔空間が形成されている。

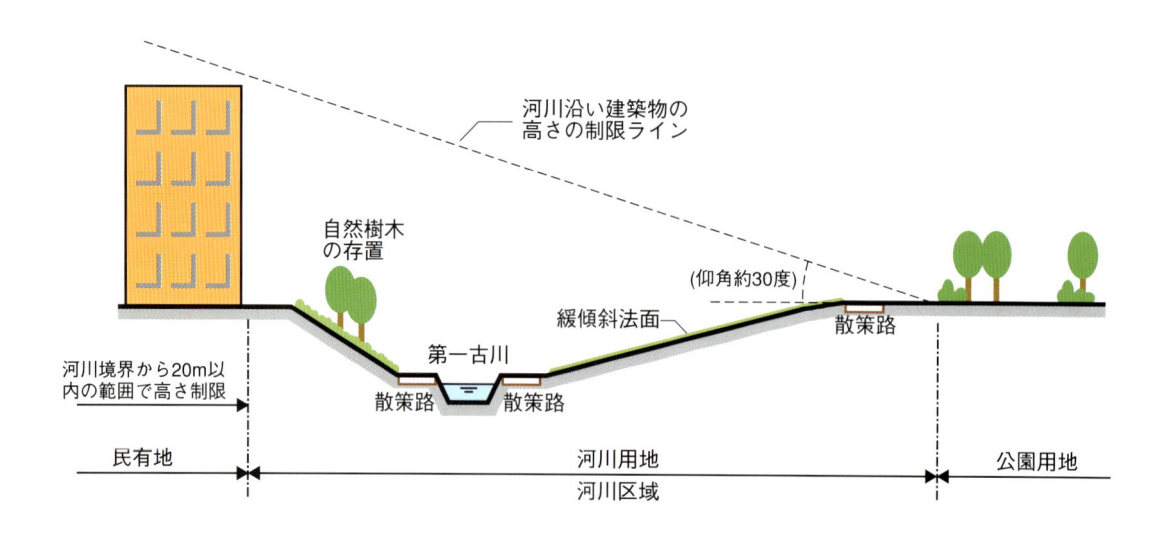

| 項　目 | | 河川とまちの分担関係 |
|---|---|---|
| 河川区域および権原の設定 | | ・河川区域＝河川用地 |
| まちづくり上の区域設定 | | ・河川区域と土地区画整理事業区域は一部重複 |
| 費用負担 | 用地費 | ・用地費についてはなし<br>（河川法線は整形したが、面積は土地区画整理事業の整備前後で等積）<br>・整備後の河川区域内に位置する既存建築物の移転補償費は、土地区画整理事業の公共施設管理者負担金として河川管理者が負担 |
| | 整備費 | ・河川区域は河川管理者<br>［直轄河川環境整備事業－直轄事業］<br>［せせらぎ河川改修事業（直轄河川改修事業）－直轄事業］ |
| | 維持管理費 | ・河川区域内は河川管理者 |
| 河川区域の占用 | | ・占用はなし |

## 4 一体的整備による効果と今後の展開

[一体的整備による効果]

　古川は、太田川分流口が締め切られ内水河川となったが、土地区画整理事業との一体的整備により、自然豊かな水辺空間に再生され、魅力あるまちづくりに寄与している。

　この実現にあたっては、「佐東地区まちづくり協議会」を中心に河川整備を含めたまちづくり全般の議論を行い、土地区画整理事業の主体である広島市、古川の事業主体である国土交通省、そして住民が共通の理念を構築してきたことが大きなポイントと言える。

●河川整備上の効果
- 一体的整備により河川沿いに公園・緑地が配置され、さらに地区計画制度導入により魅力ある河川空間の形成と利用促進が図られた。
- 住民との協働による川づくりの推進を図ることができた。

●まちづくり上の効果
- 水と緑のネットワークが形成された。（河川区域内の連続した散策路の設置）
- 河川整備により地区の特徴となるレクリエーション空間が形成され、魅力あるまちづくりが実現した。

[今後の展開の可能性]
- 河川事業と土地区画整理事業との連携は、治水安全性の向上、都市基盤整備の充実といった河川、都市の各々の事業目的を達成するだけでなく、河川及びその空間の有効活用を図る上で有効な手法である。
- また、良好な河川空間形成に主眼をおいた地区計画制度の導入は、河川の特徴を活かした個性的で魅力ある空間形成を実現する上で、適用範囲は広いと考えられる。
- 今後、河川沿いの都市再生を推進する上で、魅力ある河川空間の形成や特色あるまちづくりを推進する一体的整備の事例として、他地区での展開の可能性は高い。

## 5 事例写真

[整備前]

写真提供:国土交通省 太田川工事事務所

[整備後]

写真提供:国土交通省太田川工事事務所

[河川空間の利用状況]

写真提供:国土交通省太田川工事事務所 　　　　写真提供:国土交通省太田川工事事務所

---

問い合わせ先
国土交通省 中国地方整備局 太田川工事事務所 事業計画課：Tel.082-221-2436
広島市 都市整備局 佐東地区整備事務所：Tel.082-879-1931

事例12

# 徳島県徳島市
# 新町川／
# しんまちボードウォーク

| 河川名 | 新町川（吉野川水系） |
|---|---|
| 河川の指定区分 | 一級河川（指定区間） |
| 河川管理者 | 徳島県知事 |

■位置図

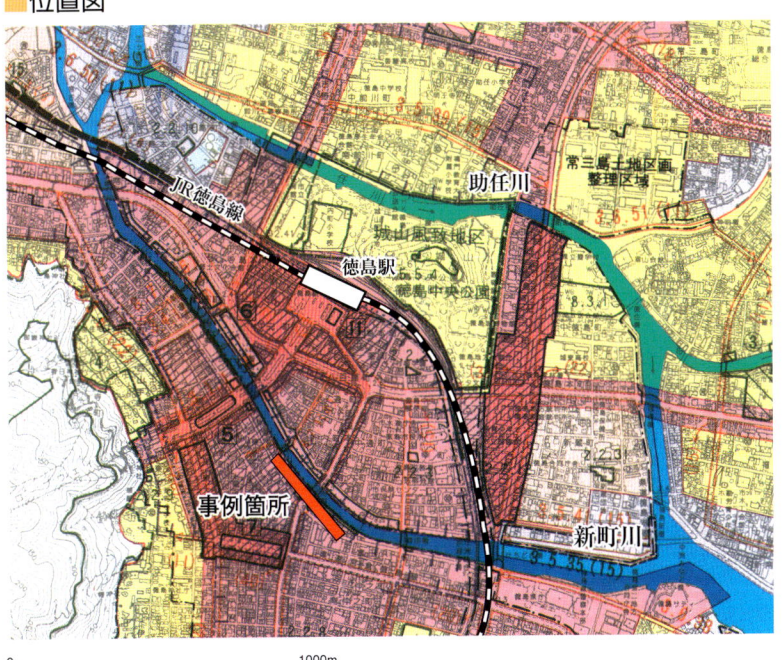

資料：徳島東部都市計画総括図

## 1 地区の概要

　徳島市は、四国一の大河である吉野川の河口部に位置し、網目のような河川に囲まれた島状の低地に市街地が形成されてきた。市の中心部を流れる新町川は、徳島市を代表する都市河川であり、また、JR徳島駅周辺から新町地区の既存商店街への玄関口にあたることから、中心市街地のまちづくりの中でも特に重要な位置を占める。

　かつて新町川沿いには阿波藍を扱う藍商の蔵屋敷が建ち並んでいたが、戦災で焼失し、戦災復興時の都市計画により川沿いにベルト状の公園（新町川公園：約4.9 ha）が計画決定された。現在は、県と市が分担して川沿いの公園やプロムナードの整備が進められている。

　新町橋〜両国橋の間では、左岸に新町川水際公園（平成元年竣工）、右岸に東船場ボードウォーク、新町橋東公園、両国橋西公園からなる「しんまちボードウォーク」（平成9年竣工）が整備され、市の中心部に市民が憩える水と緑の空間が形成された。東船場ボードウォークの整備は、東船場商店街振興組合が事業主体となって、県、市が協力するという形で進められた。週末にはパラソルショップが並びにぎわっている。

## 2 事業の概要

### [ひょうたん島 水と緑のネットワーク構想]

徳島市の中心市街地は昭和60年、シェイプ・アップ・マイタウン計画に認定され、市街地再開発事業、新町川水際公園整備事業、紺屋町シンボルロード整備事業などが位置づけられた。また、市内の環濠河川は、昭和62年度にふるさとの川モデル事業のモデル河川に指定され、県、市の協力のもと、河川環境整備や沿川の公園との一体的整備が進められた。

新町川と助任（すけとう）川に囲まれた徳島市の中心地域は、その形から「ひょうたん島」と呼ばれ、「ひょうたん島 水と緑のネットワーク構想」（徳島市　平成4年3月）に基づき、河川沿いのプロムナード整備や護岸の親水化、既存公園の再整備、ライトアップなど、河川とまちづくりが一体となって、さまざまな環境整備が進められている。

■ひょうたん島 水と緑のネットワーク構想

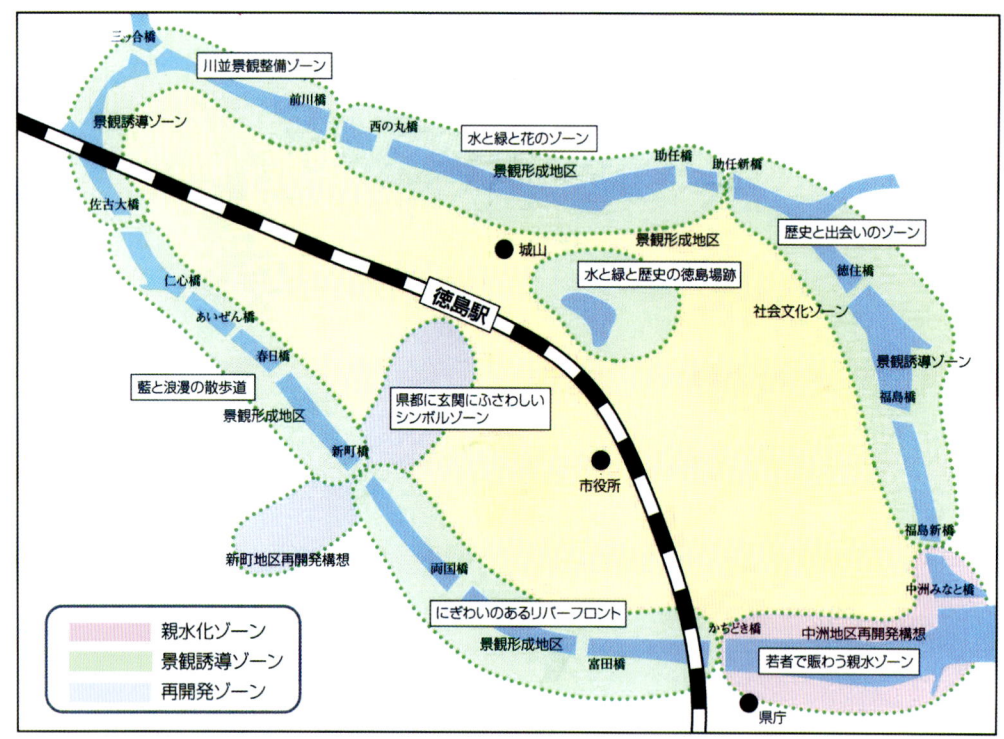

出典：パンフレット「新町川河川網の川づくり」徳島県

### [河川の事業]

- **ふるさとの川整備事業**［事業主体：徳島県、事業期間：昭和62年度～平成11年度］
  - ふるさとの川整備事業（旧・ふるさとの川モデル事業）の指定を受け、整備計画において、河川整備とまちづくりを一体的に進めるための基本方針や県、市の分担等を定めている。

- **河川環境整備事業（補助事業）**
  ［事業主体：徳島県、事業期間：昭和61年度～昭和63年度］
  - 新町川水際公園の階段護岸の整備、及び浚渫を行った。
  - この補助事業とは別に、直轄事業（事業主体：国土交通省）として新町川浄化ポンプ場を整備し、吉野川から導水している。

- **リバーフロント整備事業（単独事業）**
  ［事業主体：徳島県、事業期間：平成7年度～平成9年度］
  - 青石護岸（県産の青石による修景）、新町橋東公園の円形親水階段やみちしお水族館（遊歩道に設けられた窓から水中が見られる）などを整備した。

- **土木施設景観創造事業（単独事業）**
  ［事業主体：徳島県、事業期間：平成元年度～平成4年度］
  - 青石護岸の整備を行った。

### [まちの事業]

● 都市公園事業（単独事業）
[事業主体：徳島市、事業期間：昭和61年度～平成元年度、平成8年度～平成10年度]

○ 新町橋東公園
- 半円形の親水護岸とポンツーン（浮き桟橋）が特徴の公園で、新町地区への入口に位置し、東船場ボードウォークの北端とつながっている。公園とポンツーンは市、円形親水階段とみちしお水族館は河川管理者が整備した。

○ 両国橋西公園
- 東船場ボードウォークの南端につながる公園を整備した。表がステージ、裏が公衆トイレというユニークな建物がある。

○ 新町川水際公園
- 本事業は、シェイプ・アップ・マイタウン計画に位置づけられており、公園整備は市、河道整備は河川管理者が行った。徳島市の市制100周年記念事業として実施された。

● 高度化事業（中小企業高度化資金融資）
[事業主体：東船場商店街振興組合、事業期間：平成7年度～平成8年度]

○ 東船場ボードウォーク
- 河川用地を市の公園として占用し、地元の東船場商店街振興組合が中小企業事業団（現・中小企業総合事業団）の融資を受けて、約287mにわたってボードウォークを整備した。

■ 事業の構成

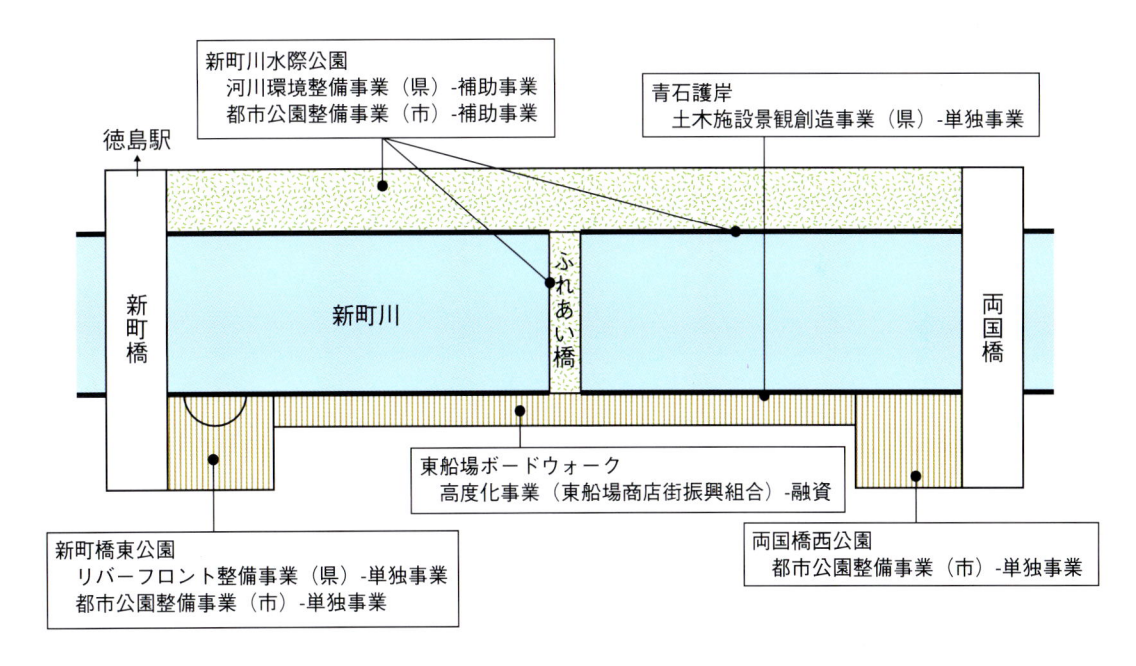

## 3 一体的整備の特徴

新町川は治水面の整備が完了しているため、現在は水環境の改善や河川空間の整備、河川利用の推進を図る事業が中心となっている。

新町川の両岸は公園（新町川公園）として都市計画決定がなされていることから、川沿いに広がりのある空間が確保されている。

● 東船場ボードウォーク

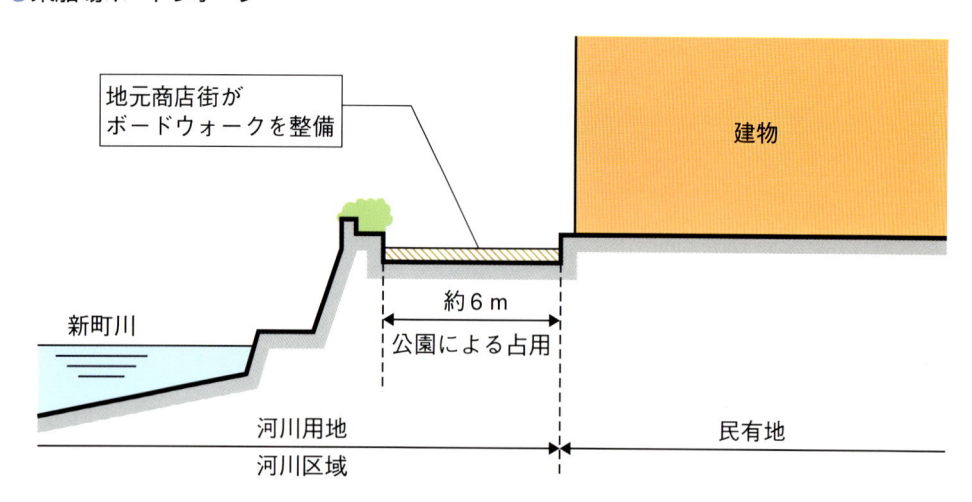

| 項　目 | | 河川とまちの分担関係 |
|---|---|---|
| 河川区域および権原の設定 | | ・河川区域＝河川用地<br>＊整備前から約6mの河川管理用通路があり、河川区域が設定されていたが、事業にあたり沿川民有地との境界を全て確定した。（整備前は公営の駐車場として利用） |
| まちづくり上の区域設定 | | ・河川区域内で高度化事業を実施 |
| 費用負担 | 用地費 | ・なし |
| | 整備費 | ・東船場商店街振興組合<br>＊高度化事業により事業費2億円のうち7000万円の融資を受けた。 |
| | 維持管理費 | ・融資償還期間中は東船場商店街振興組合、償還後は市<br>＊通常の維持管理にパラソルショップの収益を充てている。 |
| 河川区域の占用 | | ・市が公園として占用 |
| 民間事業者へのインセンティブ | | ・ボードウォークが整備されたことにより、河川側から建物への出入りが可能<br>・パラソルショップの出店など、イベント空間として利用可能 |

### ●新町橋東公園

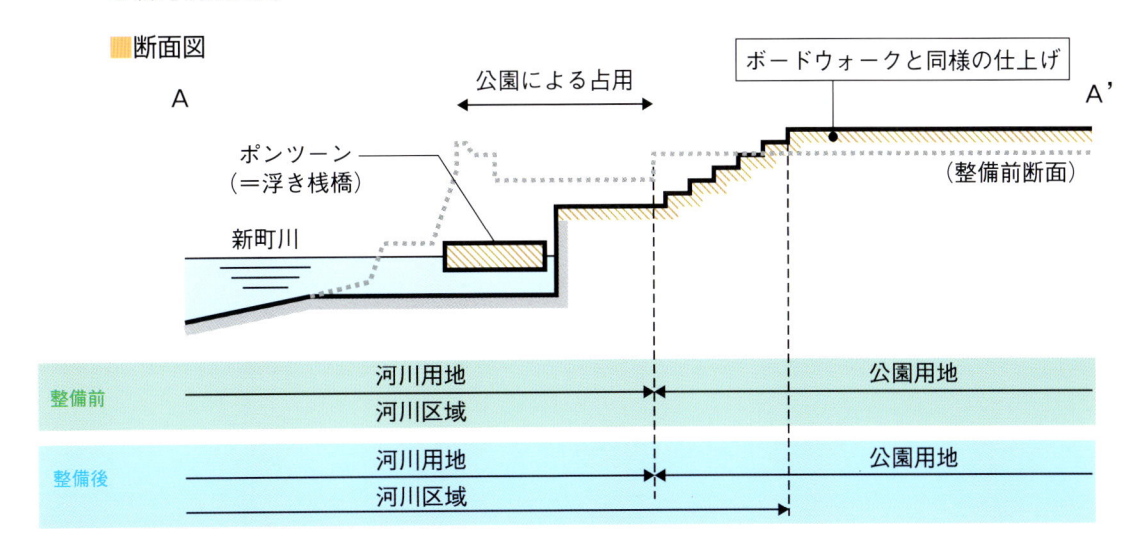

**■断面図**

(図：A-A'断面図)
- 公園による占用
- ポンツーン（＝浮き桟橋）
- 新町川
- ボードウォークと同様の仕上げ
- （整備前断面）

| | | |
|---|---|---|
| 整備前 | 河川用地 | 公園用地 |
| | 河川区域 | |
| 整備後 | 河川用地 | 公園用地 |
| | 河川区域 | |

**■平面図**

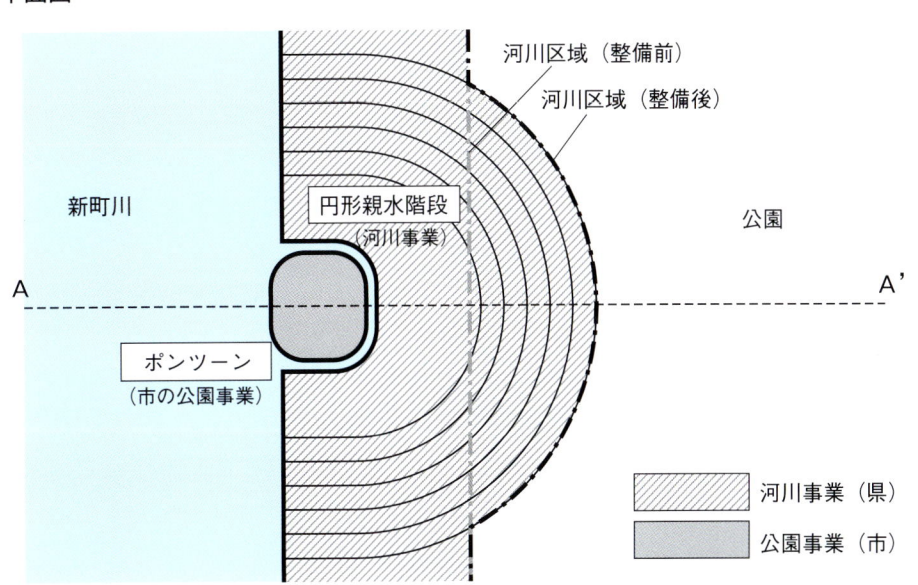

- 新町川
- 円形親水階段（河川事業）
- ポンツーン（市の公園事業）
- 河川区域（整備前）
- 河川区域（整備後）
- 公園
- 河川事業（県）
- 公園事業（市）

| 項　目 | 河川とまちの分担関係 |
|---|---|
| 河川区域および権原の設定 | ・河川区域≠河川用地<br>＊半円形の階段状護岸の形状に合わせて河川区域を拡大したが、新たに河川区域となった部分は公園用地のままとなっている。 |
| まちづくり上の区域設定 | ・河川区域と公園区域が一部重複 |
| 費用負担　用地費 | ・なし |
| 　　　　　整備費 | ・階段状護岸（基盤と表面整備）は河川管理者<br>［リバーフロント整備事業－単独事業］<br>・ポンツーンとその他の公園部分は市 |
| 　　　　　維持管理費 | ・護岸は河川管理者<br>・公園施設（園路、広場、修景施設等）は市 |
| 河川区域の占用 | ・市が公園として占用 |

事例12　徳島県徳島市●新町川／しんまちボードウォーク

## 4 一体的整備による効果と今後の展開

### [一体的整備による効果]

　ふるさとの川整備計画書は、河川区域内・外のそれぞれの事業について河川管理者と地元自治体の分担を明確にしている。また、周辺の都市整備の状況、景観計画、動線計画についても把握され、河川とまちづくりを一体的に整理し策定されている。

　その後策定された「ひょうたん島　水と緑のネットワーク構想」は、河川を活かしたまちづくりの考え方がわかりやすい表現でまとめられており、民間との連携を促進し、整備効果をより高めることができたと考えられる。

- ●河川整備上の効果
  - ・まちづくりと一体的に水辺空間を整備したことにより、良好な空間が形成された。
  - ・河川に対する市民の関心が高まった。

- ●まちづくり上の効果
  - ・魅力的な水辺空間が整備されたことにより、川沿いに新たな人の流れができた。
  - ・沿川地域の景観形成や環境に対する関心が高まった。
  - ・民間事業者の発意により質の高いボードウォークの整備が可能となった。
  - ・沿川地域のポテンシャルが高まり、民間再開発が促進された。

- ●民間事業者のメリット
  - ・ボードウォークが整備されたことにより、人が集まるようになった。
  - ・川沿いに人が集まることによって、資産価値が高まった。
    （例えば、河川を向いた建物はテナントが集まりやすくなった。）
  - ・ボードウォークから周辺の商店街への波及効果が期待できる。
  - ・近隣の商店街の結びつきが強まり、連携して活性化に取り組むことができる。

### [今後の展開の可能性]

- ・新町川の場合、計画段階で河川管理者と地元自治体の分担を明確にしていたため、個々の事業がスムーズに進められた。
- ・他の地域においても、河川および沿川地域に関する計画をあらかじめ策定し、それに沿って事業を進めることで同様の成果が期待できる。

## 5 事例写真

①新町橋東公園の利用状況

写真提供：(有)中川建築デザイン室

②東船場ボードウォーク

［整備前］　→　［整備後］

写真提供：(有)中川建築デザイン室　　写真提供：(有)中川建築デザイン室

③両国橋西公園

［整備前］　→　［整備後］

写真提供：(有)中川建築デザイン室　　写真提供：(有)中川建築デザイン室

問い合わせ先
徳島県 県土整備部 河川課：Tel.088-621-2572
徳島市 開発部 公園緑地課：Tel.088-621-5296

## 事例13
## 福岡県北九州市 紫川/紫川馬借地区

| 河川名 | 紫川 |
|---|---|
| 河川の指定区分 | 二級河川 |
| 河川管理者 | 福岡県知事 |

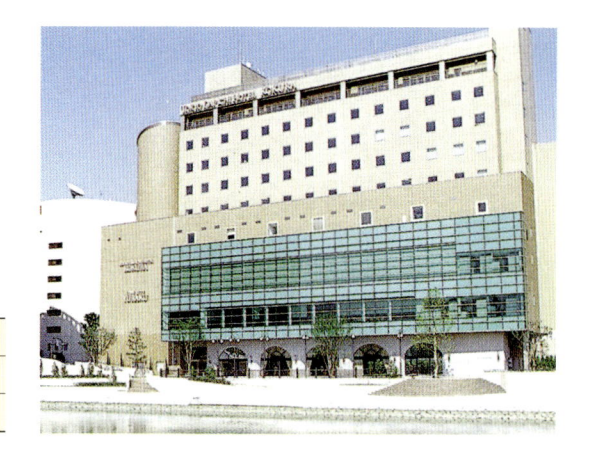

■ 位置図

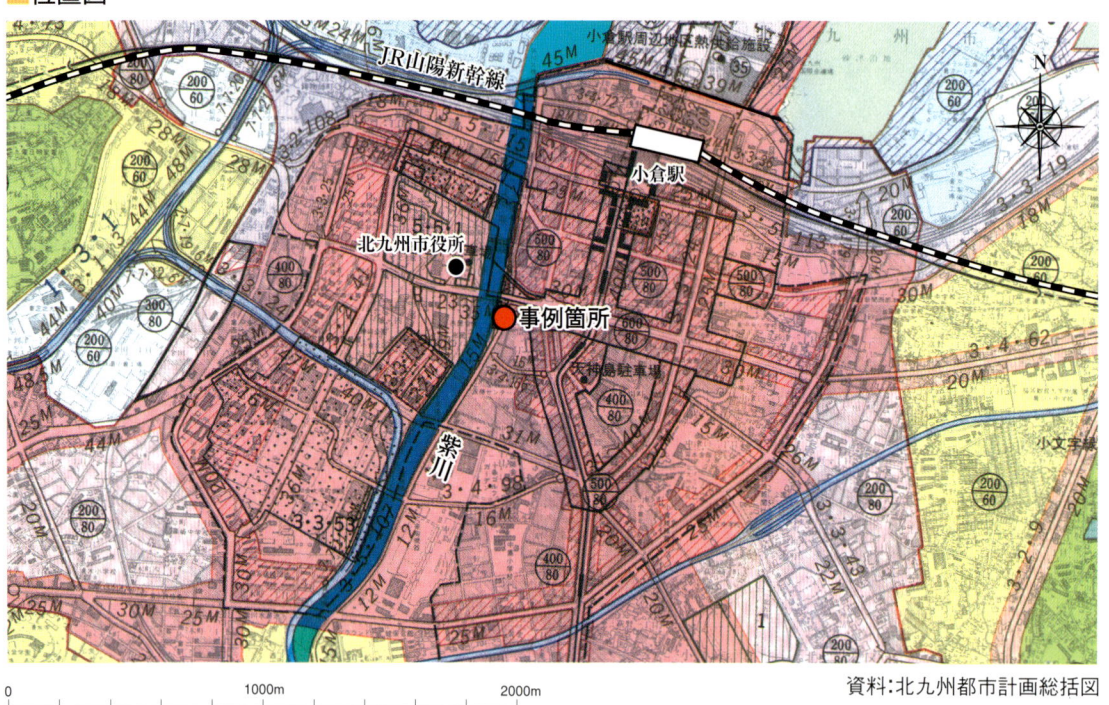

資料：北九州都市計画総括図

### 1 地区の概要

　紫川は北九州市の都心部を流れるシンボル的な河川である。昔の紫川は、河口近くで川幅が急に狭くなっており、下流部で水害が起きやすい状況であったため、昭和28年の大出水を契機として、昭和44年から河川改修事業により護岸掘削等を施工してきたが、マイタウン・マイリバー整備事業の導入により、河川を含めた都市基盤整備と周辺市街地の一体的整備が進められている。

　昭和38年に5市対等合併によって誕生した北九州市は、昭和63年12月に「北九州ルネッサンス構想」を策定し、小倉を北九州市の都心に位置づけ、200万都市圏の中核を担う地区として都市機能の充実・強化を図ることとした。

　ルネッサンス構想の策定と時期を同じくして、建設省（現・国土交通省）においてマイタウン・マイリバー整備事業が創設され、紫川は整備対象河川の指定を受けた。

　紫川マイタウン・マイリバー整備事業は、ルネッサンス構想が目指す21世紀に向けた新しいまちづくりを実現する事業として重要なウェイトを占める。紫川馬借地区の市街地再開発事業は、紫川マイタウン・マイリバー整備事業の一環として実施され、平成9年7月に事業が完了した。

## 2 事業の概要

### [マイタウン・マイリバー整備事業]

当事業は北九州市が事業主体となり、対象エリア内において、治水対策のための河川事業とあわせて水辺の公園整備や道路整備、沿川地区の再開発事業等のまちづくり関連事業を重点的に展開している。また、紫川の沿川については、水辺環境の整備を積極的に推し進めることで、民間開発のポテンシャルを高め、背後の市街地整備の体系的な誘導を目指している。

・計画対象区域：JR鹿児島本線鉄橋から国道3号貴船橋までの区間
　　　　　　　延長約2.0km、面積約170ha
・当面の事業区域：JR鹿児島本線鉄橋から中島橋（風の橋）までの区間
　　　　　　　延長約1.1km、面積約92ha
・当面の事業期間：平成2年度～17年度（JR鉄橋関連を除く）

紫川マイタウン・マイリバー整備事業エリア図

凡例
- 紫川マイタウン・マイリバー整備事業対象区域
- 勝山公園
- ❶ 西小倉駅前第一地区市街地再開発事業
- ❷ 室町一丁目地区市街地再開発事業
- ❸ 船場地区のまちづくり
- ❹ 旦過地区市街地再開発事業
- ❺ 紫川馬借地区市街地再開発事業

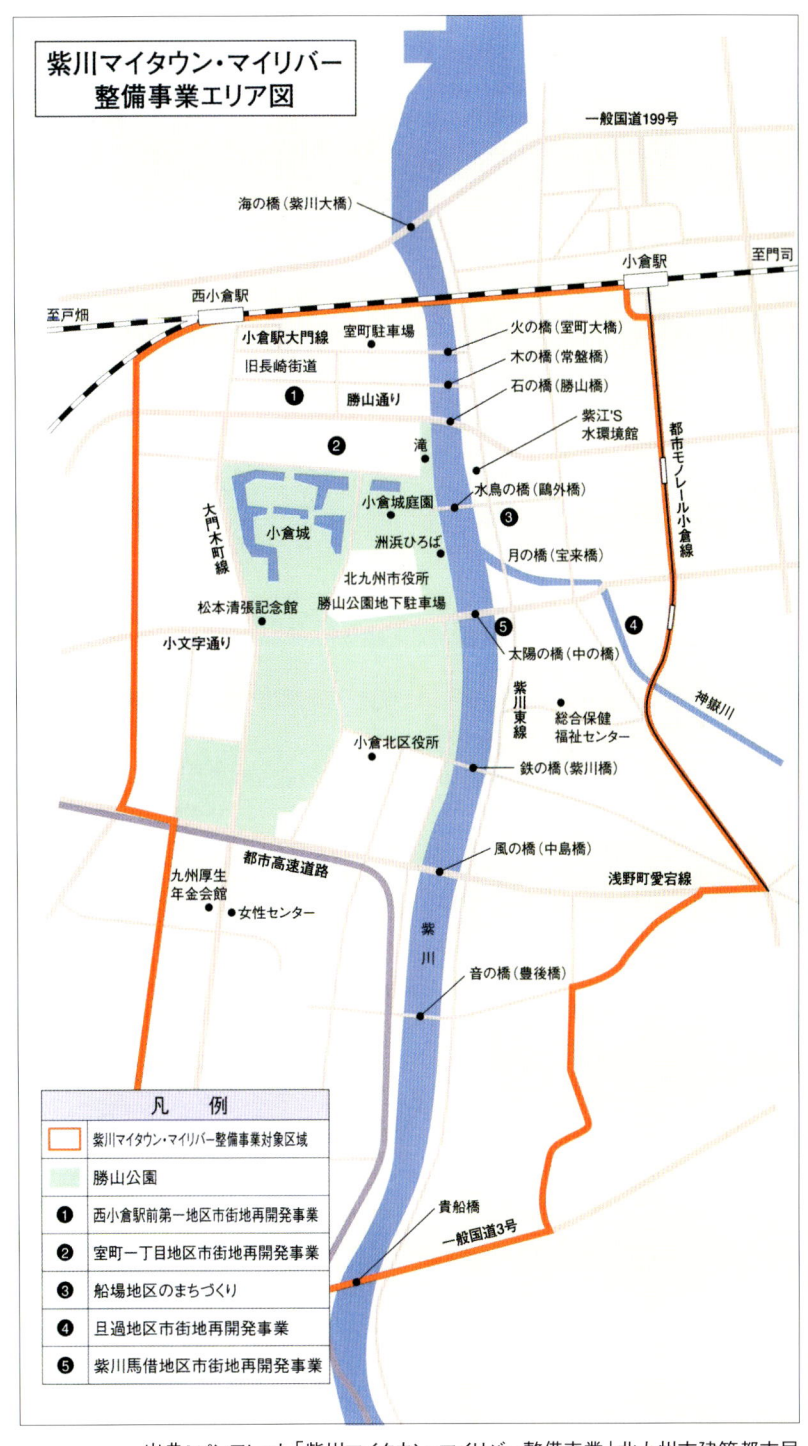

出典：パンフレット「紫川マイタウン・マイリバー整備事業」北九州市建築都市局

### [河川の事業]

● 都市基盤河川改修事業（補助事業）
[事業主体：北九州市、事業期間：平成 7 年度～平成 9 年度]
- 河川の整備は、市街地再開発事業にあわせて、都市基盤整備事業により川沿いの土地を取得し、河川の拡幅および護岸整備を行った。また、景観整備などの修景のためグレードアップした部分は、地方特定河川等環境整備事業（事業主体：市、起債＋交付金）により整備している。
- 河川敷と民有地の一体的利用を図ることで、開かれた水辺空間を創出するため、官民境界を意識させない曲線的なデザイン構成や修景施設の仕上げを統一するなどの工夫が施されている。夏場はカフェテラス、冬場はイルミネーションが飾られるなど、市民にも親しまれ愛される河川環境が形成されている。

■ 平面図

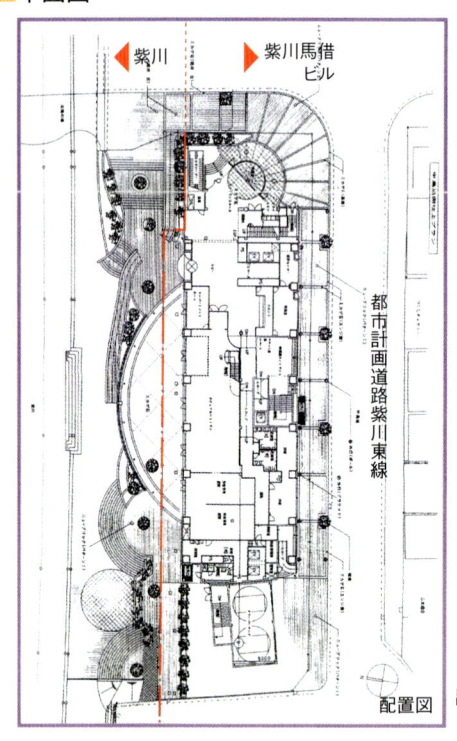

出典：パンフレット「紫川馬借地区第一種市街地再開発事業」
紫川馬借地区市街地再開発組合

### [まちの事業]

● 市街地再開発事業（補助事業）
[事業主体：紫川馬借地区市街地再開発組合、事業期間：平成 4 年度～平成 10 年度]
- 本事業は、「紫川マイタウン・マイリバー整備事業」の一環として、都心地区の再生を行い、北九州市の活性化を図ることを目的とする。
- 市街地再開発事業の要件として、高度利用地区を指定している。高度利用地区の都市計画の中で、河川沿いの 1 階部分に壁面位置の制限を設定しており、民有地と一体となった河川管理用通路を実質的に担保している。
- 容積率制限は 400 ％から 500 ％に引き上げられ、実際に使用した容積率は約 499 ％である。

〔計画の概要〕
- 事業区域面積：0.4 ha
- 再開発前宅地面積：2,423 ㎡
- 再開発後宅地面積：1,965 ㎡
- 地上 11 階地下 2 階、高さ約 40 m
- S 造（一部 SRC 造）
- 延べ面積：10,723 ㎡
- 主要用途：ホテル、映画館、レストラン、駐車場

### ■紫川馬借地区における施行区域等の設定

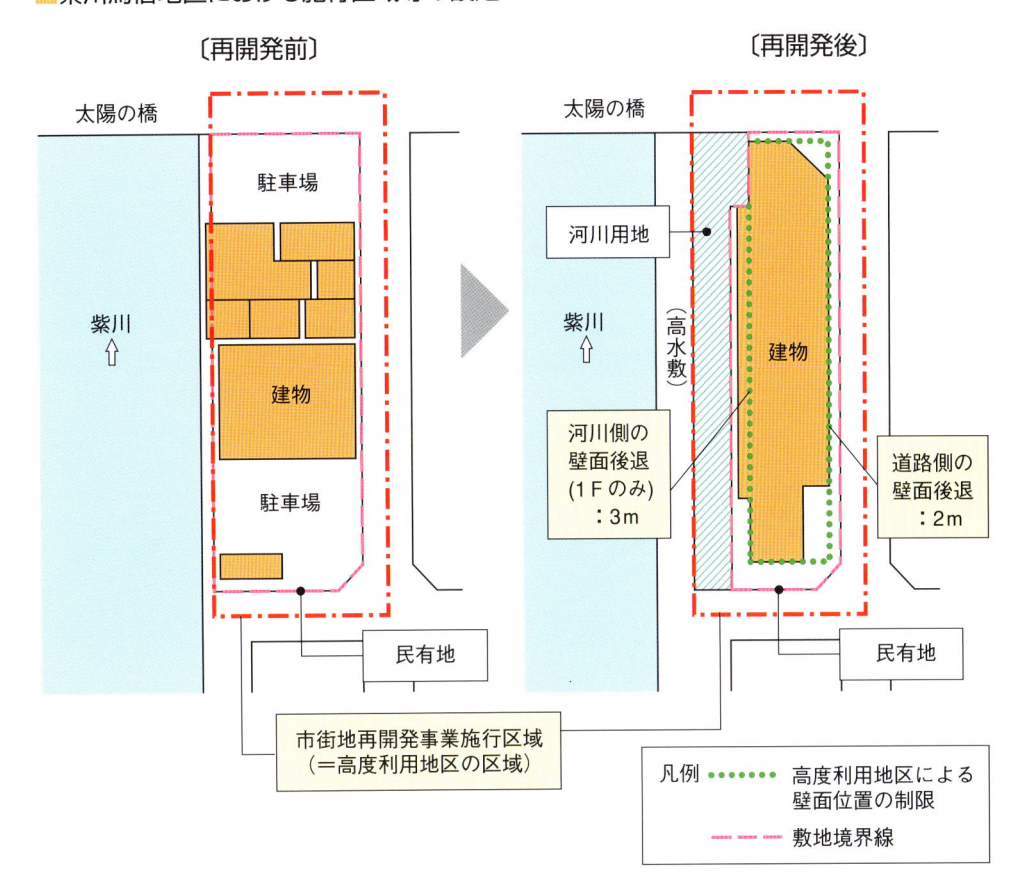

〔再開発前〕 〔再開発後〕

事例13　福岡県北九州市●紫川／紫川馬借地区

### ■高度利用地区に関する都市計画の概要

| 種類 | 面積 | 建築物の延べ面積の敷地面積に対する割合の最高限度 | 建築物の延べ面積の敷地面積に対する割合の最低限度 | 建築物の建築面積の敷地面積に対する割合の最高限度 | 建築物の建築面積の最低限度 | 備考 |
|---|---|---|---|---|---|---|
| 高度利用地区<br>紫川馬借地区 | 約0.4 ha | 50/10 | 30/10 | 8/10 | 500 ㎡ | 壁面の位置の制限を設定 |

## 3 一体的整備の特徴

当地区は、市街地再開発事業と河川整備を連携して進めたところに特徴がある。

事前協議の段階で、当初、北九州市（河川）からは全面買収を提案したが不調に終わり、13m買収案、9m買収案を経て、最終的には約6mの河川用地を取得することで合意し、河川区域を取得用地の境界まで拡大した。

整備にあたり、景観上及び土地利用上の理由から、部分的には河川用地6mのうち1mと、民有地において建物の1階を3mセットバックした部分の合計4mを河川管理用通路として実質的に利用することを取り決めている。

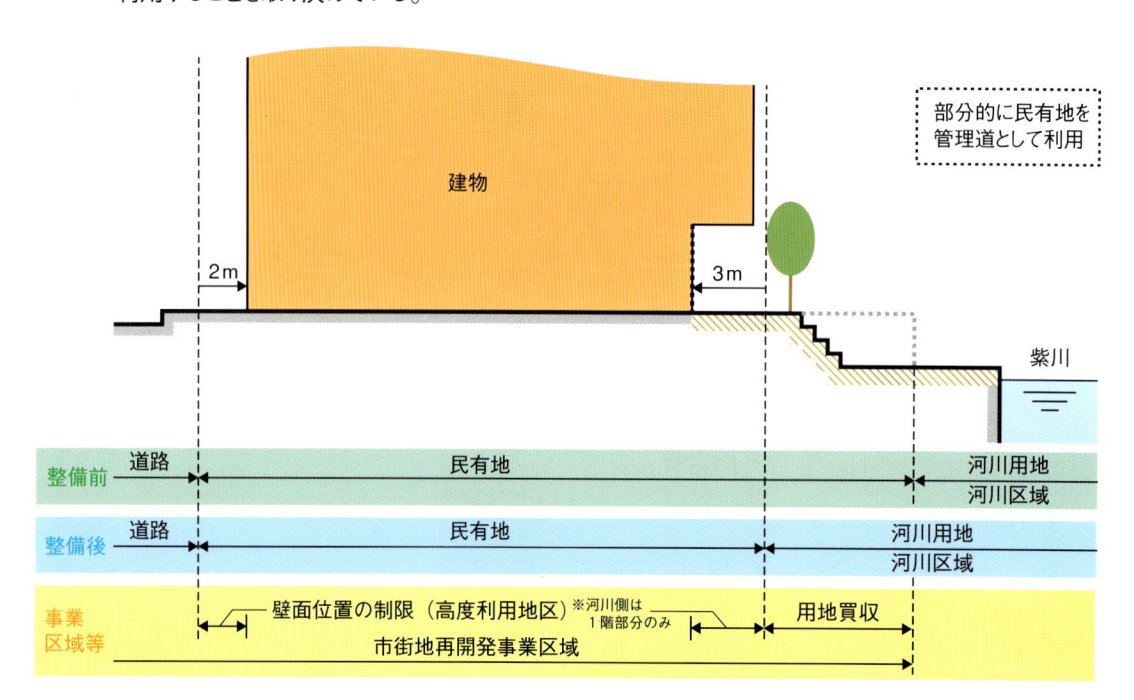

部分的に民有地を管理道として利用

| 項　目 | | 河川とまちの分担 |
|---|---|---|
| 河川区域および権原の設定 | | ・河川区域＝河川用地<br>・河川区域外の民有地における河川管理用空間3mは、高度利用地区の壁面位置の指定（1階部分のみ）で担保<br>＊今後、協定等の締結を予定している。 |
| まちづくり上の区域設定 | | ・河川区域と市街地再開発事業区域は一部重複 |
| 費用負担 | 用地費 | ・北九州市（河川）が買収（再開発事業の公共施設管理者負担金） |
| | 整備費 | ・河川区域内は北九州市（河川）<br>［都市基盤河川整備事業－補助事業］ |
| | 維持管理費 | ・現在はマイタウン・マイリバー整備事業中のため、一時的に北九州市が管理しているが、事業後の取り扱いについては未定 |
| 河川区域の占用 | | ・占用はなし |
| 民間事業者へのインセンティブ | | ・民有地のまま河川管理用空間を提供したため、用地買収方式より多くの容積を確保<br>・マイタウン・マイリバー整備事業に基づく魅力的な水辺空間の実現 |

## 4 一体的整備による効果と今後の展開

[一体的整備による効果]

　紫川マイタウン・マイリバー整備事業に沿った市街地再開発事業であったことから、北九州市の河川サイドの取り組みとしても、一体的に進めることができた。

●河川整備上の効果
- 市街地再開発事業のなかで河川用地を確保できた。
- 河川管理に必要な空間については、用地買収をしないで、民有地のまま一部使用することで必要なスペースを確保できた。

●まちづくり上の効果
- 市街地開発事業と同時に河川の整備を行うことで、一体的な水辺空間が創出された。

●民間事業者のメリット
- 河川の公共施設管理者負担金が入ったことで、市街地再開発事業の収支が向上した。
- 河川が一体的に整備されたことで、河川側に広いオープンスペースができた。
- 水辺の良好なイメージが形成され、ホテルやレストランの集客力が向上した。
- 用地買収されなかった土地の分、容積を多く確保できた。

[今後の展開の可能性]

- 民間の地権者などが再開発の検討を始める初期の段階から、用地買収等に関する河川管理者側の意向を伝え、協議することが必要である。
- 市街地再開発事業の場合、多くが高度利用地区とセットになっているので、壁面線の位置指定が行われ、これを活用して河川管理者側の管理用空間等を実質的に担保することができる。
- セットバック部分に関する公・民の協定がまだ結ばれておらず、民有地まで河川区域を拡大した場合にどうなるか、また合意が得られるか等について、今後も検討を要する。
- 再開発事業と河川を一体的に整備するときに、同一の業者に工事を発注することで仕上げをそろえることが考えられるが、業者の施工能力や手続き上の問題から困難な場合もあるため、これを担保する仕組みが求められる。

## 5 事例写真

[整備前]

出典：パンフレット「紫川馬借地区第一種市街地再開発事業」紫川馬借地区市街地再開発組合

[整備後]

出典：パンフレット「紫川マイタウン・マイリバー整備事業」北九州市建築都市局都心開発課

〔川沿いのオープンスペースの整備状況〕

除却前

完成

問い合わせ先
北九州市 建設局 下水道河川部 水環境課：Tel.093-582-2491

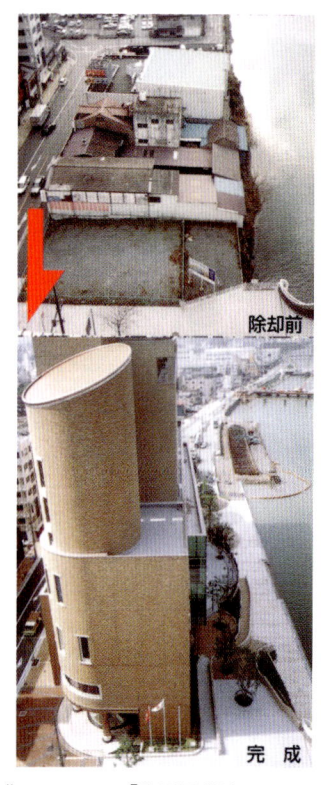

出典：パンフレット「紫川馬借地区
第一種市街地再開発事業」
紫川馬借地区市街地再開発組合

## 事例14
# 福岡県福岡市
# 博多川/博多リバレイン

| 河川名 | 博多川（那珂川水系） |
|---|---|
| 河川の指定区分 | 準用河川 |
| 河川管理者 | 福岡市長 |

■ 位置図

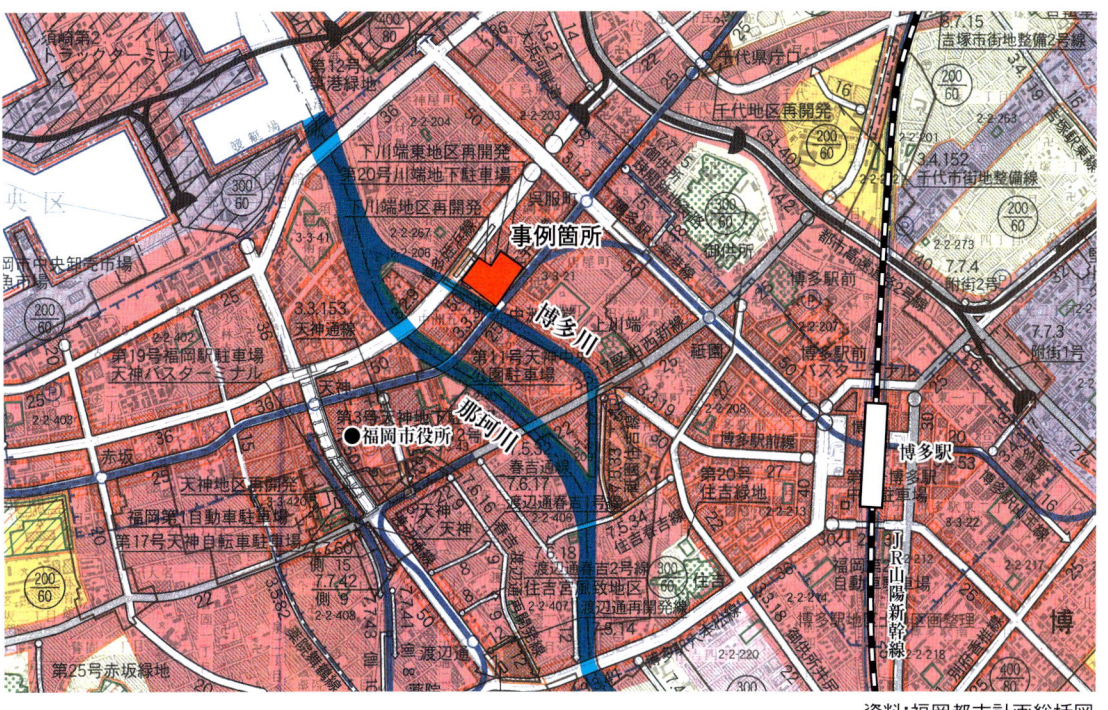

資料：福岡都市計画総括図

## 1 地区の概要

　博多川は、福岡市の中心部博多地区と天神地区の間を流れる二級河川那珂川水系に属し、市管理の準用河川である。感潮河川であり流れがほとんどないため、一時は水質悪化にともなう悪臭やガスの発生により「川端ぜんそく」が発生し、埋立論も起こっていたが、昭和40年代以降、堰を設置するなどして河川浄化に取り組み、都心部の貴重な自然空間として再生を図ってきた。

　福岡市は平成2年に「博多川夢回廊」（博多川整備構想）を策定し、その構想を受けて、現在河川の環境整備を進めている。

　一方、沿川の福岡・博多部は、博多商人の発祥の地として古くから商業の中心的役割を担い、非常に賑わいのある地区であった。しかし、博多駅の移転、天神地区への大型商業施設の立地等により、人口減少及び商業の衰退が進んだ。

　博多部に位置する下川端地区は、太閤町割りによる短冊状の宅地が残り、家屋の老朽化が著しいなど、市街地の安全性・防災性に関しても問題があったため、昭和40年代後半から市街地再開発事業の検討を開始し、平成11年3月、博多リバレインがオープンした。

## 2 事業の概要

### [「博多川夢回廊」の概要と博多川の整備状況]

福岡市では、「博多川夢回廊」に基づき、沿川全体の整備を一体的に誘導している。下流部は「いざないの水辺」として高水敷にプロムナードや散策広場の整備を、中流部は「にぎわいの水辺」として下川端再開発（博多リバレイン）と一体となった親水広場の整備や賑わいのあるオアシス空間の創出を、上流部は「みどりの水辺」として緑化などにより親水空間の創出が図られている。

福岡市は平成3年、博多川整備事業（市単独事業）の整備第一号として、河川と隣接する川端商店街の1宅地（国有地）を用地買収し、川端商店街と博多川遊歩道を連絡するポケットパーク「ぜんざい広場」を整備した。

当地区周辺では、常時水面幅を狭めて高水敷を設置し、そこに緑道や広場空間を確保している。河川区域内は全て河川事業で整備を行っている。

将来的には、川端商店街の協力により、沿川民有地の2mセットバックと堤外の親水歩道部分2mを合わせて、幅4mの遊歩道として整備する計画である。

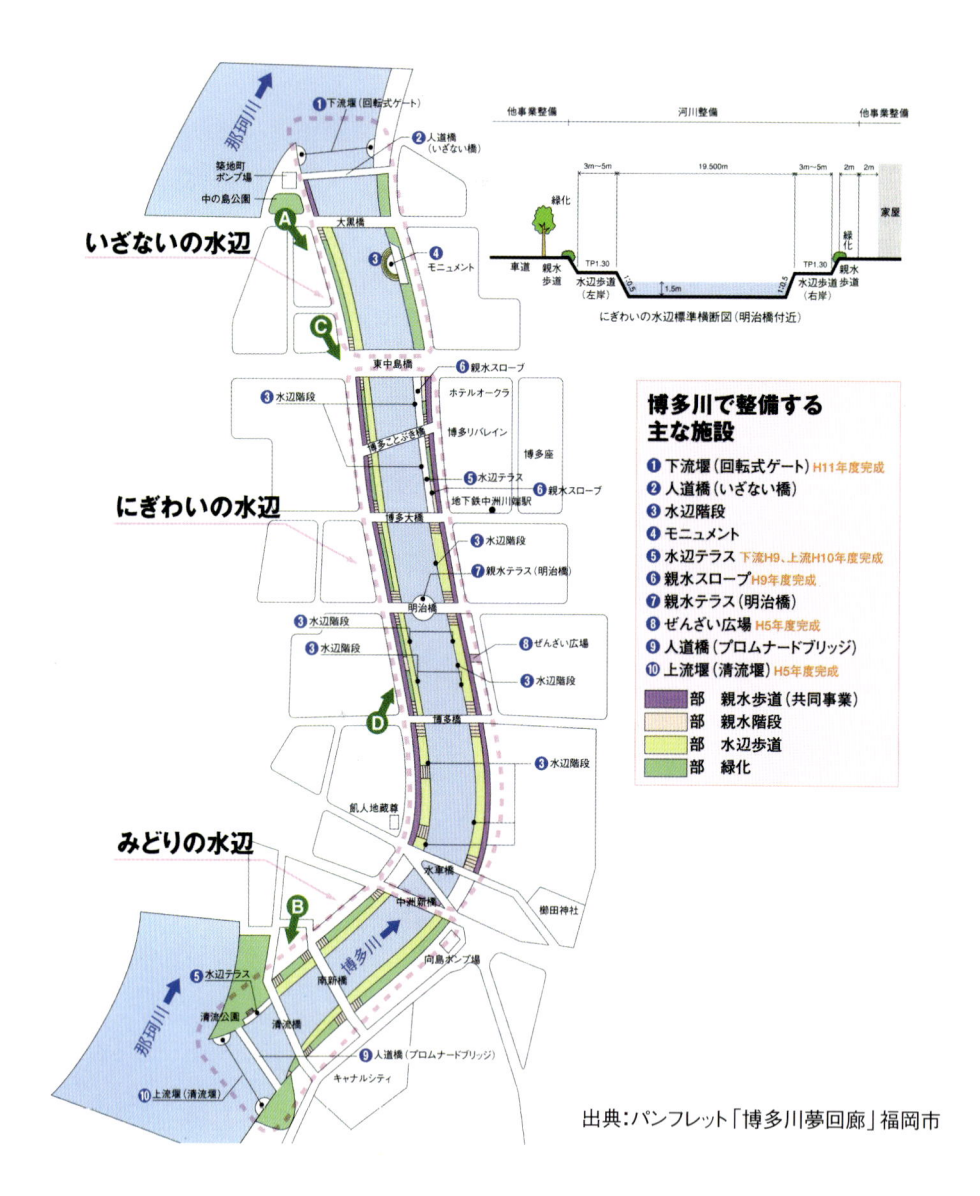

出典：パンフレット「博多川夢回廊」福岡市

## [河川の事業]

- 河川環境整備事業（単独事業）［事業主体：福岡市、事業期間：平成3年度～］
    - 河川区域内の整備は、市街地再開発事業で公共施設として位置づけた橋梁を除き、水辺テラス、親水スロープ、水辺階段等が河川事業（市単独事業）として整備された。

## [まちの事業]

- 市街地再開発事業（補助事業）
    - 下川端地区第一種市街地再開発事業
      ［事業主体：下川端地区市街地再開発組合、事業期間：平成4年度～平成10年度］
        - 通常、市街地再開発事業の区域は、公共施設（河川・道路等）の半断面を取り込んで区域決定を行うが、当地区の場合、隣接する博多川の河川区域を全て取り込んでいる。これは、現存する2つの橋梁（本通り橋、寿橋）が生活道路として活用されており、この機能を確保するとともに、市街地再開発事業で整備するためである。
        - 事業前は河川管理用通路が確保されておらず、市街地再開発事業の施行により、新たに幅4mの歩行者専用道路（下川端再開発1号線、市道認定）が整備された。市街地再開発事業では公共施設に位置づけられている。これは、市街地再開発事業の計画で、河川側に公開空地を多く設けていることで判るように、河川側を表として考えた結果である。幅員は、市道認定の要件から決定された。

    - 下川端東地区第一種市街地再開発事業
      ［事業主体：下川端東地区市街地再開発組合、事業期間：平成6年度～平成10年度］
        - 下川端地区の再開発の具体化に向けた協議が進められている頃、隣接する下川端東地区でもまちづくりの機運が高まり、両地区がほぼ並行して事業を実施した。

〔博多リバレイン開発の経緯〕

| 下川端地区<br>第一種市街地再開発事業の経緯 | | 下川端東地区<br>第一種市街地再開発事業の経緯 | |
|---|---|---|---|
| 昭和55年 | 再開発準備組合設立 | 平成4年 | 再開発準備組合設立 |
| 平成3年 | 都市計画決定及び告示 | 平成6年 | 都市計画決定及び告示 |
| 平成4年 | 組合設立（事業計画）認可及び公告 | 平成7年 | 組合設立（事業計画）認可及び公告 |
| 平成8年 | 工事着工 | 平成8年 | 工事着工 |
| 平成11年 | 竣工 | 平成11年 | 竣工 |

■整備の概要

［整備前］　　　　　　　　　　　　　　　［整備後］

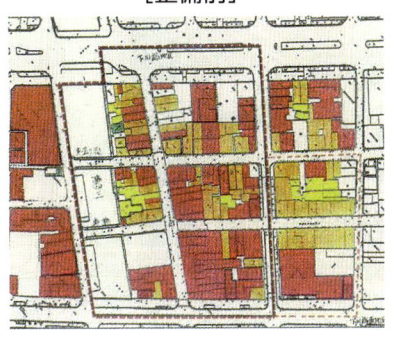

資料：福岡市

● 街並み・まちづくり総合支援事業（補助事業）
  [事業主体:福岡市、事業期間:平成7年度～平成10年度]
  ・街並み・まちづくり総合支援事業も導入されており、歩行者専用道路（下川端再開発1号線）と周辺道路、橋梁（下川端再開発2号線）の修景部分、及びアトリウムモールの整備に活用している。

■ 博多リバレインの事業構成

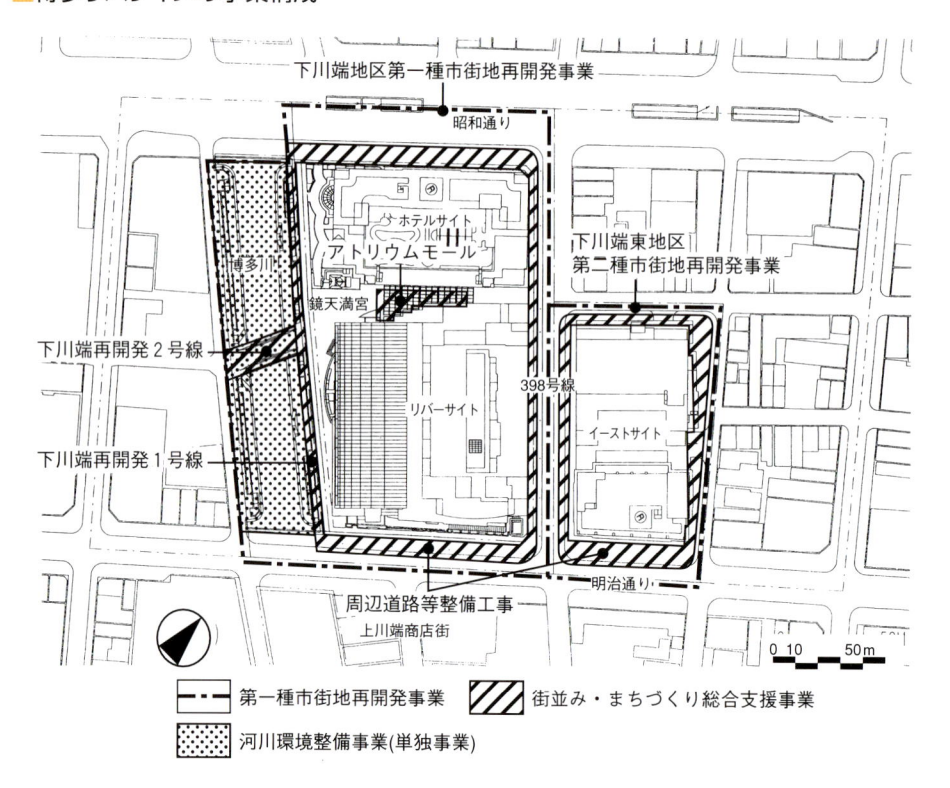

## 3 一体的整備の特徴

整備前は、コンクリートの垂直護岸となっており、河川管理用通路も確保できておらず、非常に無機質かつ沿川市街地が背を向けた状態であった。また、左岸側では河川区域内に張り出して駐車場が設置されている部分もあった。

河川整備は「博多川夢回廊」の計画に沿って行われ、高水敷に水辺テラスを整備し、親水性を高めている。市街地再開発事業と協調して、河川の環境整備を実施するにあたり、表面の仕上げやデザインに関しては、民間事業者と協議を重ね、市街地と一体的な水辺空間が整備された。

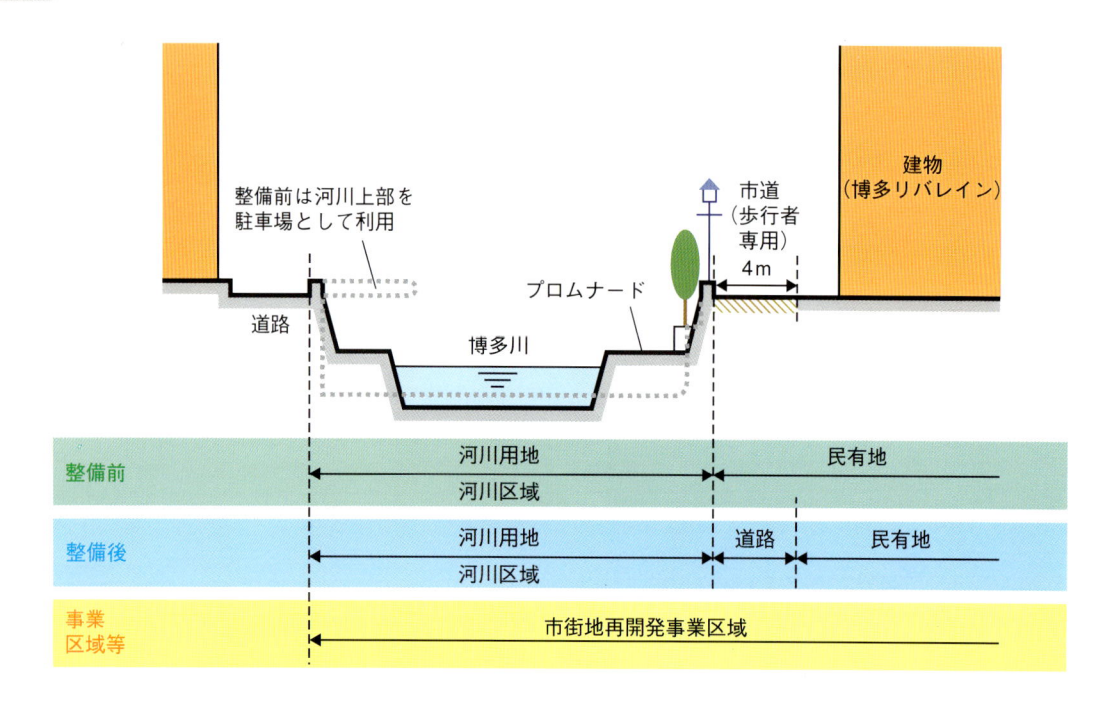

| 項　目 | | 河川とまちの分担 |
|---|---|---|
| 河川区域および権原の設定 | | ・河川区域＝河川用地<br>＊市道は実質的に河川管理用通路としても機能している。 |
| まちづくり上の区域設定 | | ・河川区域と市街地再開発事業区域は一部重複<br>＊事業にあわせて橋の架け替えが必要とされたため、市街地再開発事業区域は博多川の対岸まで設定された。 |
| 費用負担 | 用地費 | ・なし |
| | 整備費 | ・河川区域内は、河川管理者<br>［河川環境整備事業ー単独事業］<br>＊市道の幅員（4m）確保のため、協議に基づき河川区域内に街路灯を民間事業者が設置した。<br>＊河川区域内のしだれ桜は民間事業者から提供された。 |
| | 維持管理費 | ・河川区域内は、河川管理者<br>＊リバレイン前の日常的な清掃は民間が自主的に実施している。 |
| 河川区域の占用 | | ・占用はなし |
| 民間事業者へのインセンティブ | | ・良好な水辺のオープンスペースの創出による沿川商業施設のイメージアップ<br>・博多座の「船乗り込み（歌舞伎役者が船で劇場に入る催し）」の実現 |

## 4 一体的整備による効果と今後の展開

### ［一体的整備による効果］

博多リバレインは、河川管理者とまちづくり担当部局が共に福岡市であるため、河川とまちの一体的な整備に向けての調整が行いやすい環境にあったが、中心市街地の貴重な自然空間としての共通認識を持ち、一体的な計画策定の重要性を認識していたことが重要なポイントである。

●河川整備上の効果
・市道の歩行者専用道路を活用することによって、河川管理用通路としての機能が確保できた。
・市街地再開発事業区域との一体的整備により水辺、河畔の利用が促進された。

●まちづくり上の効果
・オープンスペースとしての河川を活かし、特徴ある都市景観が形成された。
・新たな水辺の憩いとゆとりある空間が形成された。
・河川空間を活かした新たな歩行者ネットワークが形成された。（博多川上流部のキャナルシティとのネットワーク強化）
・賑わい再生のための新たな拠点が形成された。

●民間事業者のメリット
・一体的な計画・整備により統一された空間デザイン・景観を実現できた。
・河川と一体となった広がりある空間確保による魅力の向上が図られた。

### ［今後の展開の可能性］

・川に背を向けた市街地の再整備に際して、沿川に河川管理用通路の機能を持つ道路を整備することにより、水辺を積極的に活かした魅力あるまちづくりを実現している。
・密集市街地内を流れる都市内河川は、河川管理用通路が整備されていない区間も多く、市街地再開発事業を始めとする都市基盤整備手法との一体的な整備により、河川管理用通路の機能を確保していくことは有効な手法である。

- また計画初期段階から河川管理者と事業者が調整を図ることは、河川とまちづくりが一体的に事業を展開する際、デザイン・景観等の一体感が創出され、より魅力ある空間形成を図ることが可能となる。
- 河川沿いの都市再生を行うにあたり、一体的かつ良好な水辺空間を有する沿川市街地整備の事例として、展開可能性は高い。

## 5 事例写真

[整備前]

写真提供：福岡市

[整備後]

出典：日経アーキテクチュア1999.5.17号（撮影 岡本公二）

---

**問い合わせ先**
福岡市 下水道局 河川部 河川計画課：Tel.092-711-4528
河川建設課：Tel.092-711-4497
福岡市 都市整備局 都市開発部 管理課：Tel.092-711-4392

第3章　参考資料

# 河川を活かしたまちづくりのための制度

河川を活かしたまちづくりの推進のために利用できる制度は数多くあるが、以下に主なものをとりまとめて示す。河川整備、まちづくりの事業や制度はそれぞれ個別に活用されるだけでなく、河川及び沿川整備の特徴や整備目的にあわせ、連携して活用していくことも望まれる。
なお、以下に記載された内容は概要であり、詳細については別途関連資料を参照されたい。

## 1.河川事業

### (1) 河川の区分と河川管理の仕組み

平成13年4月現在における全国の河川延長は、一級河川で109水系、約87,560km、二級河川で2,722水系、約35,930kmで、一、二級河川と準用河川の合計は35,163河川、約143,520kmとなっている。

河川の管理については、河川法により区間を定めて管理されている。国土保全や国民経済にとくに欠かせない水系は一級水系として国土交通大臣が、それ以外の水系で人々の暮らしに重要な関係があるものは二級水系として都道府県知事が行っている。

一級河川については、一級河川のうち国土交通大臣の指定する区間については都道府県知事に通常の管理を委任する形になっている(特定水利使用の許可など除く)。

また一、二級河川における、小さな支川や単独水系では、河川法に基づいて管理する区間を決め、準用河川として市町村長が管理を行っている。

これら以外の河川法がまったく適用されない小さな川は、普通河川と呼ばれ都道府県または市町村が事実上の管理を行っている。

なお、河川工事及び河川維持は河川管理者が行うこととなっているが河川法第16条の3により市町村長が一部施行することもできる。

■水系

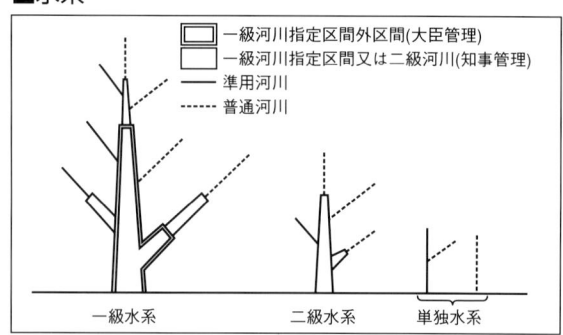

■河川の呼び方

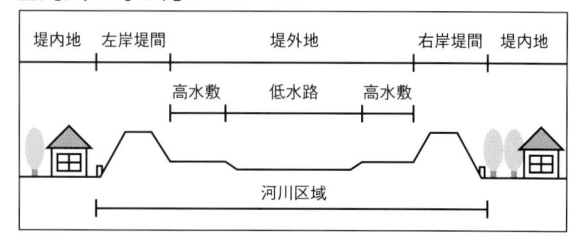

低水路:ふだん、いつも水が流れているところ。
高水敷:増水した時に備えて造られた敷地。
堤内地:堤防に守られて人々が暮らしているところ。
堤外地:高水敷を含む、両岸の堤防にはさまれて河川が流れているところ。
河川区域:堤防も含め、河川を構成する区域。
右岸・左岸:上流から下流に向かって見た時の河川の右側が右岸、左側が左岸
流域:降った雨が河川に流れ込む地域のことで、分水嶺によって区切られた地域のこと。

■河川数等の状況

| 河川種別 | 水系数 | 河川数 | 河川延長(km) | 流域面積(km²) |
|---|---|---|---|---|
| 一級河川 | 109 | 13,979 | 87,560.1 | 240,042 |
| | | | うち直轄区間 10,552.6 | |
| | | | うち指定区間 77,007.5 | |
| 二級河川 | 2,722 | 7,071 | 35,933.8 | 109,471 |
| 準用河川 | 2,509 | 14,113 | 20,032.1 | — |
| 計 | | 35,163 | 143,526.0 | |

平成13年4月30日現在
資料:国土交通省河川局水政課

| 都市計画決定延長(km) |
|---|
| 905.4 |
| 258.4 |
| 10.6 |

平成13年3月31日現在
資料:都市計画年報より集計

■河川の区分と管理

|  |  | (河川管理者) | (事業実施者) |
|---|---|---|---|
| 一級水系 | 一級河川 大臣管理区間 | 国土交通大臣 | 国土交通大臣(一部市町村長) |
| | 指定区間 | 都道府県知事 | 都道府県知事(一部市町村長) |
| | 準用河川 | 市町村長 | 市町村長 |
| 二級水系 | 二級河川 | 都道府県知事 | 都道府県知事(一部市町村長) |
| | 準用河川 | 市町村長 | 市町村長 |
| 単独水系 | 準用河川 | 市町村長 | 市町村長 |

## (2) 河川事業

河川整備のための事業として多くのものが準備されているが、国からの補助金を受けて行う事業（補助事業）と都道府県や市町村が独自に整備する事業（単独事業）があり、単独事業については、事例でみたようにそれぞれの河川整備にふさわしい事業名称がつけられ、実施されているところである。

ここでは、河川整備に広く活用されている6つの補助事業と2つのモデル事業について、その概要を紹介する。

### ●広域基幹河川改修事業（平成9年度 中小河川改修事業を総合）

| 目　　的 | ○人口集中の著しい大都市の地域における都市河川を対象として、洪水や高潮による被害を防止し、豊かな生活環境を築くため、都道府県知事が河川改修を実施 |
|---|---|
| 事業主体 | ○都道府県 |
| 要　　件 | ○指定区間内の一級河川又は二級河川で、改良工事によって洪水又は高潮による被害が防止される区域内に60 ha以上の農耕地、5 ha以上の宅地又は50戸以上の家屋があるもの等の要件を満たす事業 |
| 特　　徴 | ○基幹河川改修事業（総事業費24億円以上）は事業費の1/2、一般河川改修事業（総事業費6億円以上）は事業費の4/10を国が補助する。 |

注）要件については抜粋（以下同様）

### ●都市基盤河川改修事業

| 目　　的 | ○都市水害の増大に対処し、地域行政との関連を踏まえたきめ細かい治水対策を推進するため、市長が河川工事を実施 |
|---|---|
| 事業主体 | ○市 |
| 要　　件 | ○東京都区部若しくは人口5万人以上の市に係る一級河川、二級河川の改良工事で、流域面積が概ね30 km²以下の区間 |
| 特　　徴 | ○国は都道府県が市に対し事業費の1/3を補助する場合に、当該市に1/3を補助する。 |

### ●低地対策河川事業

| 目　　的 | ○既成市街地の浸水多発地域又は低地地域等において、浸水被害の防止と土地の有効利用を図るため、高潮堤防、排水機場、耐震護岸の築造などの河川整備を行う。 |
|---|---|
| 事業主体 | ○都道府県 |
| 要　　件 | ○総事業費が概ね24億円以上のもので、次の要件の一に該当するもの。<br>・指定区間内の一級河川又は二級河川のうち、高潮により被害を生ずる地域についての高潮対策事業<br>・既成市街地の浸水多発地域あるいは低地地域（ゼロメートル地帯等）にかかわる河川改修事業のうち、市街地再開発事業等の他事業と一体として緊急に実施する必要があるもの<br>・指定区間内の一級河川又は二級河川のうち、特に地盤沈下の著しい地区で、内水対策等の必要な河川についての地盤沈下対策事業<br>・都市区域に係る指定区間内の一級河川又は二級河川のうち、特に耐震対策を必要とする河川についての耐震対策河川事業 |
| 特　　徴 | ○国は、当該都道府県に3/10、4/10を補助する。 |

### ●特定地域堤防機能高度化事業（補助スーパー堤防整備事業）

| 目　　的 | ○治水安全度の向上及び地震対策の強化に加え、良好な水辺環境の創出を図るため、民間活力を活用した市街地の再開発等と一体として、沿川に計画的な盛土を行い、幅の広い緩い傾斜の堤防（スーパー堤防）を築造 |
|---|---|
| 事業主体 | ○都道府県 |
| 要　　件 | ○特定地域堤防機能高度化計画に適合して行われる盛土事業で、防災上重要な地区であることや、事業費の軽減等、一定の条件を満たす地区 |
| 特　　徴 | ○国は、当該都道府県に1/3を補助する。 |

● 河川環境整備事業（河畔整備事業）

| 目　　的 | ○まちづくりと一体的に水と緑の良好なオープンスペースの確保等を行うため、河畔空間の整備を機動的に行う。 |
|---|---|
| 事業主体 | ○都道府県　○市町村 |
| 要　　件 | ○指定区間内の一級河川又は二級河川のうち、特に良好な河畔空間の整備のために、河川管理者と市町村等が共同で策定した計画に位置付けられた河畔整備に係る事業で総事業費が3億円以上のもの |
| 特　　徴 | ○補助工区外の区間や、当面河川改修事業による整備予定のない区間についても、沿川のまちづくり事業が起きる際には、機動的に補助事業（補助率1/3）を実施できる。 |

● 準用河川改修事業

| 目　　的 | ○洪水の氾濫を防御し、地域の生活基盤を確保するため、市町村が河川整備を実施 |
|---|---|
| 事業主体 | ○市町村 |
| 要　　件 | ○当該河川工事によって氾濫が防御されることとなる区域内に60ha以上の農地、50戸以上の家屋又は5ha以上の宅地が存するもの等の要件を満たす事業 |
| 特　　徴 | ○市町村管理河川であり、国は、当該市町村に1/3を補助する。 |

● マイタウン・マイリバー整備事業

| 目　　的 | ○大都市等の中心市街地及びその周辺部の河川のうち、改修が急務でありかつ良好な水辺空間の整備の必要性が高く、沿川市街地の整備と一体的に河川改修を進めることが必要かつ効果的と考えられる河川について、水辺環境の向上に配慮した河川改修を行う。 |
|---|---|
| 事業主体 | ○都道府県　○市 |
| 要　　件 | ○東京都区部を含む市の中心市街地及びその周辺において、河川改修が急務でありかつ沿川において市街地整備に関する事業を一体的に実施することが必要または望ましい区間を相当部分含む<br>○都市のシンボル的河川であり、特に良好な水辺空間の形成を図る必要がある。<br>○河川改修とあわせた市街地整備に関する事業の実施のための努力が行われている。<br>○良好な水辺空間の形成・保全について市及び地域住民の熱意が高いこと |
| 特　　徴 | ○モデル河川指定後、市長と河川管理者が共同で整備計画を策定する。<br>○沿川市街地に関する事業（面的整備事業及び道路、公園等の施設整備事業）と一体となった河川改修を行う。 |

● ふるさとの川整備事業

| 目　　的 | ○河川本来の自然環境の保全・創出や周辺の景観との調和を図りつつ、地域整備と一体となった河川改修を行い、良好な水辺空間の形成を図る。 |
|---|---|
| 事業主体 | ○国　○都道府県 |
| 要　　件 | ○一体的に良好な水辺空間の整備・保全を図る必要があると認められること。<br>○早急に水辺空間整備計画の策定を行う必要があること<br>○市町村が、水辺空間と一体となったまちづくりを行うため自ら一連区域における整備計画を策定し、その具体的実施が明らかもしくは既に整備等がなされていること<br>○良好な水辺空間形成のための諸活動がなされている等、水辺空間整備又は保全についての熱意が高いこと。 |
| 特　　徴 | ○指定を受けた後、地域の創意・工夫を尊重し、地域との連携を図りつつ「ふるさとの川整備計画」を策定し、これが認定されると、重点的な整備により事業の完成を目指すものである。 |

## 2. まちづくり事業と規制・誘導制度

### (1) 都市計画の枠組み

まちづくりの基本となる都市計画の枠組みの概要は、図に示すようになっている。マスタープランに基づいて、土地利用や都市基盤施設、市街地開発事業等を定め、まちづくりを総合的に推進している。

都市内の河川については、都市施設として都市計画決定をすることができる。

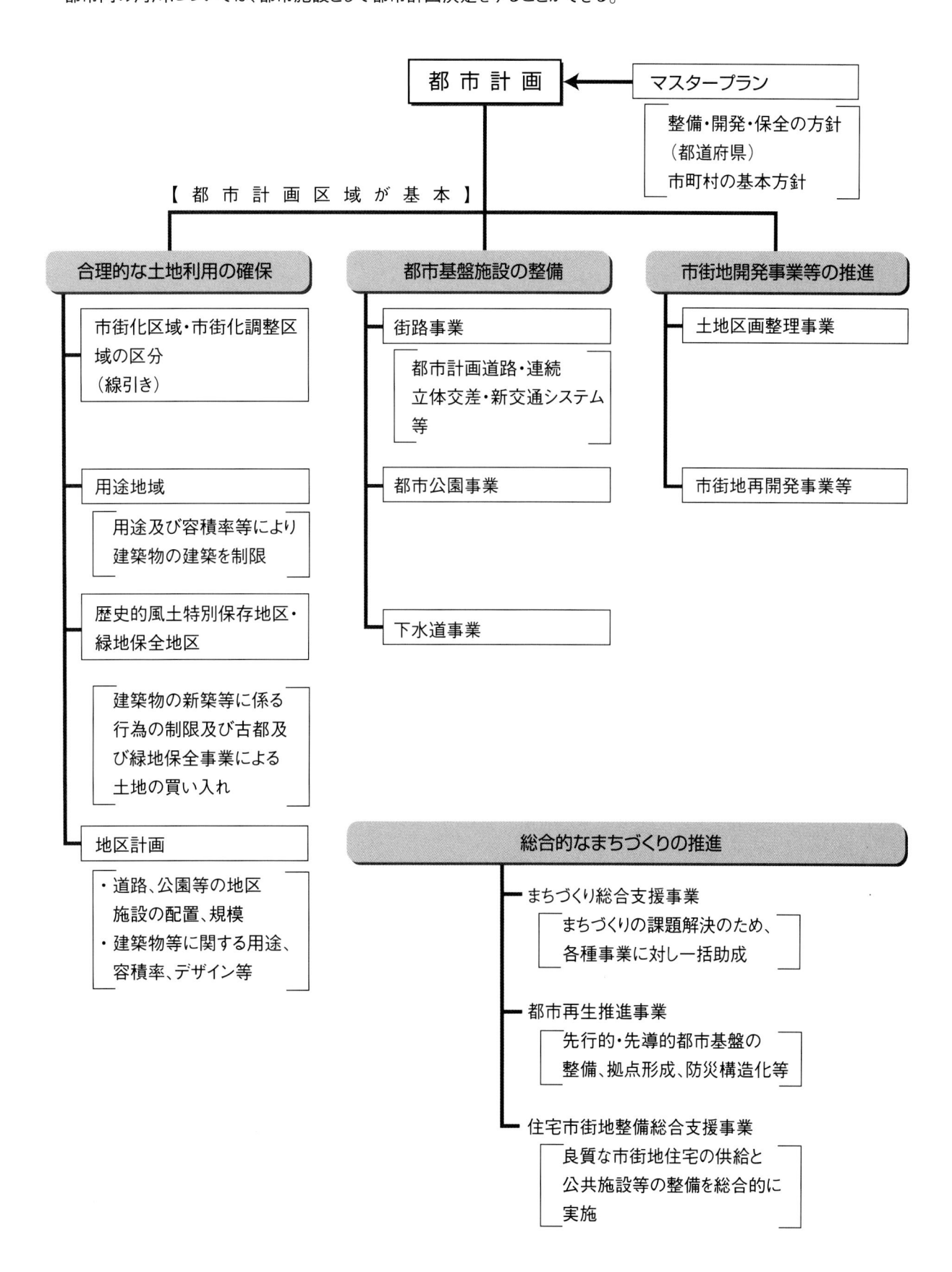

```
                                    都市計画  ←  マスタープラン
                                                  ├ 整備・開発・保全の方針
                                                  │ （都道府県）
                                                  └ 市町村の基本方針

                        【 都 市 計 画 区 域 が 基 本 】
    ┌───────────────────────┬───────────────────────┬───────────────────────┐
    合理的な土地利用の確保      都市基盤施設の整備         市街地開発事業等の推進
    │                          │                          │
    ├ 市街化区域・市街化調整区   ├ 街路事業                  ├ 土地区画整理事業
    │ 域の区分                  │  └ 都市計画道路・連続      │
    │ （線引き）                │    立体交差・新交通システム │
    │                          │    等                      │
    ├ 用途地域                  ├ 都市公園事業              └ 市街地再開発事業等
    │  └ 用途及び容積率等により │
    │    建築物の建築を制限     │
    │                          └ 下水道事業
    ├ 歴史的風土特別保存地区・
    │ 緑地保全地区
    │  └ 建築物の新築等に係る
    │    行為の制限及び古都及
    │    び緑地保全事業による
    │    土地の買い入れ
    │
    └ 地区計画
       ・道路、公園等の地区
         施設の配置、規模
       ・建築物等に関する用途、
         容積率、デザイン等

                                                    総合的なまちづくりの推進
                                                    ├ まちづくり総合支援事業
                                                    │  └ まちづくりの課題解決のため、
                                                    │    各種事業に対し一括助成
                                                    ├ 都市再生推進事業
                                                    │  └ 先行的・先導的都市基盤の
                                                    │    整備、拠点形成、防災構造化等
                                                    └ 住宅市街地整備総合支援事業
                                                       └ 良質な市街地住宅の供給と
                                                         公共施設等の整備を総合的に
                                                         実施
```

## (2) まちづくり事業

まちづくり事業は、その目的に応じて多様な手法が準備されている。ここでは、まちづくりで広く活用されている都市・住宅分野の主な事業手法についてその概要を紹介する。

### ●土地区画整理事業

| 目　　的 | ○公共施設の整備改善と宅地の利用増進を目的として換地手法を用いて土地の区画形質の整序、道路・公園等の公共施設の新設・改良を行い、健全な市街地の形成や住宅宅地の供給などを行う。 |
|---|---|
| 事業主体 | ○個人　○組合　○地方公共団体　○国土交通大臣　○都市基盤整備公団<br>○地域振興整備公団　○地方住宅供給公社 |
| 要　　件 | ○補助採択の基準が「公共団体等」「組合等」の場合において異なっている。<br>○施行地区面積については、概ね以下のような要件となっている。<br>《公共団体等区画整理補助事業》<br>・通常は5ha以上（別途法的要件等を満たすものについては2ha以上でも可）<br>《組合等区画整理補助事業》<br>・通常は10ha以上（別途法的要件等を満たすものについては5haあるいは2ha以上でも可） |
| 特　　徴 | ○施行地区内の都市計画道路の単独整備（用地買収方式）における事業費を上限として補助金が導入されている。<br>○都市計画道路だけでなく区画道路や公園・緑地の整備、供給処理施設の整備も同時に行われる事業であり、街づくりの基本的な事業<br>※補助は道路整備特別会計によるものであり、他に一般会計補助（都市再生区画整理事業）もある。また、これら以外の補助事業との合併施行や同時施行が可能である。 |

### 【ふるさとの顔づくりモデル土地区画整理事業】

| 目　　的 | ○地域の発意と創意に基づき、潤いのある生活環境の創造と地域経済の活性化に配慮して個性的で魅力ある市街地形成を図るため、地域の核となる一定の区域（地域の顔）に対して、重点的に質の高い公共施設整備等を行う土地区画整理事業である。 |
|---|---|
| 事業主体 | （通常の土地区画整理事業と同じ） |
| 要　　件 | ○事業計画策定後6カ月以内にモデル地区の申請を行う。<br>○モデル地区の指定を受け、景観（街並み）に関することを含めたまちづくりの計画を策定する。<br>○地区計画を定めること。（少なくとも建築物等の用途の制限、建築物等の形態又は意匠の制限について定める） |
| 特　　徴 | ○通常の土地区画整理事業に加え質の高い公共施設整備を行うための費用について補助を上乗せしている。<br>○道路の舗装、植栽、照明灯等の道路の本体及び付属物を対象として高品位な工事について補助対象とする。<br>○まちづくりの計画の作成に必要な費用を補助対象とする。 |

## ●市街地再開発事業

| 目　　的 | ○建築物及び建築敷地の整備並びに公共施設の整備等を行うことにより、市街地の土地の合理的かつ健全な高度利用と都市機能の更新を図る。 |
|---|---|
| 事業主体 | ○個人　○組合　○再開発公社　○地方公共団体　○都市基盤整備公団<br>○地域振興整備公団<br>○首都高速道路公団　○阪神高速道路公団　○地方住宅供給公社 |
| 要　　件 | 《第一種事業（権利変換方式）の場合》<br>○高度利用地区又はこれに準ずる地区計画、再開発地区計画、防災街区整備地区計画若しくは沿道地区計画の区域内<br>○耐火建築物の割合が建築面積又は敷地面積で全体の概ね1/3以下<br>○土地利用の状況が著しく不健全であること（公共施設の不足、土地利用の細分化等）<br>○土地の高度利用を図ることが都市機能の更新に資すること<br>　※この他第二種事業（用地買収方式）があり、要件は上記事項に追加される。 |
| 特　　徴 | ○従前の土地及び建築物等の資産価値を従後の床に等価で権利変換する仕組みであり、事業費については高度利用により生み出される余剰床（保留床）の売却等で賄う。<br>○調査設計、土地整備、共同施設整備及び事務費に対して補助金が導入される。（例えば組合施行の場合、補助対象費用の最大2/3が補助される）<br>○公的住宅や公益施設等を一定の要件を満たして整備する場合、上乗せ補助がある。<br>○政府系金融機関からの低利融資制度、税制上の優遇措置がある。 |

## ●まちづくり総合支援事業

| 目　　的 | ○施設整備や面整備等を総合的に実施し、地域主導の個性豊かなまちづくりを推進することにより地域の抱える課題の解決を図る。 |
|---|---|
| 事業主体 | ○市町村 |
| 要　　件 | ○地域の抱える課題の解決のために、施設整備や面整備等を組み合わせた総合的なまちづくりが必要と認められること。<br>○まちづくり事業計画が市町村により策定されていること。 |
| 特　　徴 | ○国は、個々の事業ではなく、事業計画に基づき一括採択し、年度毎に総額で補助金を交付する。事業計画の範囲内であれば、具体の配分・変更は市町村の裁量に委ね、事業執行の自由度を拡大している。<br>○ハード事業から、まちに魅力と潤いをもたらすソフト事業まで、多彩なメニュー※で支援する。なお、補助率はメニューごとに現行事業の率を適用する。<br>　※まちづくり事業調査：事業計画作成調査、及びこれと一体的に実施する特定事業調査。<br>　　まちづくり総合整備事業：道路、都市公園、河川、下水道、共同駐車場、駐車場有効システム、地域生活基盤施設、高質空間形成施設、高次都市施設、土地区画整理事業、市街地再開発事業、住宅街区整備事業、地区再開発事業、及びこれらと一体的に実施する特定事業調査。 |

●都市再生推進事業（H12 街並み・まちづくり総合支援事業等を統合）

| 目　　的 | ○現下の社会・経済の緊急課題（国際都市間競争力の強化、複数施策の連携、21世紀の都市を先導する都市整備、大都市圏問題等に起因する課題への対応等）に対応するため、大都市のリノベーションをはじめとする新しい全国総合開発計画「21世紀の国土のグランドデザイン」の戦略を受け、国が積極的に責任と役割を果たしつつ地方公共団体や民間等多様な主体の参画を得て、戦略的に都市整備を進めるための事業を推進する。 |
|---|---|
| 事業主体 | ○都市再生事業計画案作成事業は都道府県又は市町村<br>○各事業等は地方公共団体、都市基盤整備公団、地域振興整備公団、区画整理組合等、民間 |
| 要　　件 | ○都市再生推進事業には以下の5つのタイプがあり、それぞれ目的に応じて要件が定められている。<br>　　新たな拠点の形成による戦略的都市整備の推進（都市再生総合整備事業）<br>　　既成市街地における区画整理の重点的実施（都市再生区画整理事業）<br>　　駅周辺の交通利便性向上による拠点整備の推進（都市再生交通拠点整備事業）<br>　　新しい都市システムの社会的定着促進（先導的都市整備事業）<br>　　地震や火災等に対する防災性能の向上（都市防災総合推進事業） |
| 特　　徴 | ○地方公共団体や民間等の様々な主体が都市整備に参画し、重点地区を定めて都市の再生・再構築を機動的に展開していく。このためハードな事業だけでなく、計画策定、コーディネート業務等のソフト面まで含めて総合的に支援する制度となっている。<br>○国は都市再生事業計画案作成事業については、当該都道府県又は市町村に1/3を補助する。また各事業については、それぞれの事業主体に1/3ないし1/2以内で補助する。 |

●住宅市街地整備総合支援事業

| 目　　的 | ○都市の既成市街地において、快適な居住環境の創出、都市機能の更新、美しい市街地景観の形成等を図りながら都心居住や職住近接型の良質な市街地住宅の供給を推進するため、住宅供給と市街地整備を一体的に行う。 |
|---|---|
| 施行者 | ○地方公共団体　　○都市基盤整備公団　　○地方住宅供給公社<br>○民間事業者等 |
| 要　　件 | 《対象地域》<br>　○三大都市圏の既成市街地・近郊整備地帯及び都市開発区域等<br>　○大都市法に規定する重点供給地域<br>　○中心市街地活性化法に規定する中心市街地<br>　○地方拠点都市地域<br>　○県庁所在都市又は通勤圏人口25万人以上の都市の通勤圏<br>　○市街地総合再生計画区域<br>《整備地区面積》<br>　○概ね5ha以上（重点供給地域では概ね2ha以上等）<br>《拠点的開発等区域等要件》<br>　○概ね1ha以上かつ整備地区面積の概ね20％以上（中心市街地では0.5ha以上かつ10％以上等） |
| 特　　徴 | ○整備計画策定費、市街地住宅等整備、居住環境形成施設整備、公共施設整備住宅、都市再生住宅等整備に対し国庫補助が受けられる。 |

●優良建築物等整備事業

| 目　　的 | ○土地の合理的利用の誘導を図りつつ、優良建築物の整備の促進を図ることにより、市街地環境の整備、市街地住宅の供給等を促進する。 |
|---|---|
| 施 行 者 | ○地方公共団体　○都市基盤整備公団　○地方住宅供給公社<br>○民間事業者等 |
| 要　　件 | 《対象地域》<br>　①三大都市圏の既成市街地・近郊整備地帯及び都市開発区域<br>　②中心市街地活性化法に規定する中心市街地<br>　③地方拠点都市地域<br>　④市街地総合再生計画区域<br>　⑤人口5万人以上の市の区域<br>　⑥特定商業集積整備基本構想策定区域<br>　⑦土地区画整理法に規定する高度利用推進区<br>　⑧大都市法に規定する重点供給地域<br>　⑨県庁所在地都市又は通勤圏人口25万人以上の都市の通勤圏<br>　⑩密集住宅市街地整備促進事業の事業地区<br>〔優良再開発型〕<br>　上記の①〜⑦<br>〔市街地住宅供給型〕<br>　上記の①〜④及び⑦〜⑩<br>《事業要件：基礎要件》<br>　○原則として、概ね1,000㎡以上　○一定規模以上の空地の確保と接道条件<br>　○地上3階以上　○耐火建築物又は準耐火建築物<br>　　※このほか、タイプ別に個別要件がある。 |
| 特　　徴 | ○法定手続きによらずに利用できること、マンションの建て替えにも利用が可能であること等、柔軟な利用が可能である。<br>○補助については、市街地再開発事業をベースとして組み立てられており、調査設計計画費、土地整備費、共同施設整備費の補助対象費用の最大2/3の補助が受けられる他、税制上の優遇や公的金融機関からの融資が受けられる。 |

(3) 規制・誘導手法

まちづくりの推進は、事業だけでなく民間開発等を規制・誘導することで、まちづくりの目標を実現していくソフトな手法もある。以下に都市計画・建築規制によるその代表的な手法を紹介する。

地区計画制度

| 目　　　的 | ○街区内の居住者等の利用に供される道路、公園等の施設の整備、建築物の建築等に関し必要な事項を一体的かつ総合的に定め、良好な環境の街区の整備及び保全を図る。 |
|---|---|
| 計画決定 | ○市町村 |
| 計画事項 | 《都市計画として定める事項》<br>　○種類　○名称　○位置　○区域　○区域の面積　○整備・開発・保全に関する方針<br>　○地区整備計画<br>《地区整備計画で定められる内容（必要に応じて下記項目から抽出》<br>　○地区施設（道路・公園等）の配置及び規模<br>　○建築物等に関する事項<br>　　・建築物等の用途の制限　・容積率の最高限度又は最低限度<br>　　・建ぺい率の最高限度　・敷地面積又は建築面積の最低限度<br>　　・壁面の位置の制限　・建築物等の高さの最高限度又は最低限度<br>　　・建築物等の形態若しくは意匠の制限　・垣若しくはさくの構造の制限<br>　○土地の利用に関する事項<br>　　・現存する樹林地、草地等で良好な居住環境の確保に必要なものの保全に関する事項 |
| 特　　　徴 | ○一般の地区計画の他に、地区整備計画において、必要と認められる場合は以下の適用も可能である。<br>　・誘導容積型地区計画（公共施設の整備が整うまでの暫定容積率の適用可能）<br>　・容積の適正配分（地区内の総容積の範囲内で区域を区分して容積率を定める）<br>　・用途別容積型地区計画（地区整備計画で定められる事項のうち、必要な事項を定めた場合、住宅に係る容積率を通常の1.5倍以内まで割増が可能）<br>　・街並み誘導型地区計画（地区整備計画で定められる事項のうち、必要な事項を定めた場合、前面道路幅員による容積率制限・斜線制限を適用除外とすることが可能）<br>○区域内で行う一定の行為は、予め届け出が必要であり、計画に適合していない場合は設計変更等の措置をとるように勧告が可能<br>○建築条例を定めることにより、制限が可能。 |

再開発地区計画制度

| 目　　　的 | ○土地の合理的かつ健全な高度利用を図る上で必要となる公共施設、主として街区内居住者等の利用に供される道路、公園等の施設整備、建築物の建築等に関し必要な事項を一体的かつ総合的に定め、良好な都市環境を形成しつつ、合理的かつ健全な高度利用と都市機能の更新を図る。 |
|---|---|
| 計画決定 | ○市町村 |
| 要　　　件 | ○用途地域内<br>○土地利用状況が著しく変化しつつある、又は変化することが確実であると見込まれる区域<br>○高度利用を図る上で必要となる適正な配置及び規模の公共施設がない区域<br>○高度利用を図ることが、当該都市の機能の更新に貢献する |
| 特　　　徴 | ○通常の地区計画同様の手続きを要し、都市計画として定める。なお、土地所有者等は協定を締結し、再開発地区整備計画の策定を市町村に要請できる。<br>○通常の地区計画で定めるべき事項に加え、「主要な公共施設（都市計画施設を除く）の配置及び規模」を定める必要がある。（通称：2号施設）<br>○通常の地区計画では定められない以下の建築物に係る規制を緩和することができる。<br>　・容積率制限　・斜線制限　・用途制限　・容積率制限　・斜線制限 |

総合設計制度

| 目　　　的 | ○敷地内に広い空地等を有する良好な建築物の建築により、市街地環境の整備改善を図る。 |
|---|---|
| 許可権者 | ○特定行政庁（建築基準法第2条第36号参照） |
| 要　　　件 | ○地区面積は1 000〜3 000㎡以上（特定行政庁の規則で500〜1 000㎡以上まで引き下げが可能）〔政令〕<br>○一定幅員以上の道路に接していること。（用途地域に対応して6m〜8m以上）〔準則〕 |
| 特　　　徴 | ○計画を総合的に判断して、市街地環境の改善に資すると認められる場合に、特定行政庁の許可により容積率制限・斜線制限等に関する特例を認めることができる。<br>○容積率の割増は、基準容積率の1.5倍かつ200％増以内（ただし、市街地住宅総合設計、再開発方針等適合型総合設計、都心居住型総合設計、敷地規模別総合設計においては、別途割増が認められる）<br>○総合設計制度により建築される建築物に対して、建設資金や購入資金に対して低金利の融資制度が用意されている。 |

# 「河川を活かした都市の再構築の基本的方向」
# 中間報告

平成10年9月
河川審議会都市内河川小委員会

## はじめに

　人口集積が進んだ現代社会の都市において、河川は水面のあるオープンスペースとして、また自然系の空間として、一本筋が通った数少ない空間の一つである。市民は、川に対して美しさ、安らぎといった人間性に富んだ感性を持って、ある種のロマンを求めている。

　その一方、現実の都市内の河川は、様々な厳しい状況に直面してきた。

　下水道整備は、都市化のスピードに追いつかず、家庭や工場からの排水が直接河川に流れ込み、都市内の河川の水質は急速に悪化した。また、流域の開発や都市化による舗装道路の普及等によって、流域の持つ遊水・保水機能が低下し、梅雨前線による豪雨や台風の来襲と相まって、全国の都市で水害の多発した時期があった。

　それに対し限られた予算の中で、このような水害に対応するため、また、地域住民の緊急の要請に応じて、効率性、公平性を重視した洪水処理を中心とした河川整備が行われた。その結果、洪水被害は軽減し、地域住民が安心して暮らせるようになり、このことは宅地の供給等、市街地整備に大きく寄与してきた。

　しかし、依然として、都市内の中小河川の多くは、排水機能のみが重視された河川であり、生物の棲まないコンクリートの排水路同様の河川も多く存在している。

　このような状況のもとで、都市内の中小河川は、本来身近な自然空間であるにもかかわらず、まちづくりに活かされることは少なくなった。一方では、川沿いの土地利用や河川の利用等に関わらず、まちづくりとは独立して河川整備が行われた。その結果、都市内の中小河川と沿川地域の間に様々な不整合が生じて現在に至っている。

　このような認識のもと、河川審議会都市内河川小委員会は、都市内を流れる中小河川を中心に、今後の都市と河川のあり方、都市内の河川の整備方策等について審議を行った。その整備方策の要旨は次のとおりである。

1. 今後の都市整備は、河川の特性を十分に活かすとともに、流域・水循環の視点を重視する。
2. 河川を"都市の重要な構成要素"として、都市圏のマスタープランである「整備・開発・保全の方針」や「市町村のマスタープラン」等において、河川の構想や計画をきちんと位置づける。
3. 河川を都市施設として積極的に都市計画決定し、河川の特性を活かして都市を整備する。
4. 都市内の河川は、治水機能に加えて、都市の防災機能及び環境機能の確保、都市活動を支える空間として整備する。
5. 川沿いに通路や緑地などを整備することにより、都市の防災機能の向上を図る。
6. 都市内の河川が有する身近な自然を保全し、その回復に努める。
7. 地域の歴史、風土、文化を踏まえ、沿川地域と河川の調和をはかる。
8. 河川空間を、舟運やレクリエーション等に利用する。さらに、都市のライフラインの収容空間として活用することを検討する。

# 1 都市と河川の関わり

## 1.1 急激な都市化と河川の変貌

　都市内を流れる河川は大きく二つに分けられる。一つは都市の中だけを流れ、その都市で適切な施策を講じることにより、治水対策が可能な河川である。もう一つは、上流から水とともに恵みや災いを運んでくる比較的規模の大きい河川である。

　昭和30年代から始まった急激な都市への人口、産業の集中や流域における開発は、都市内の河川を軸とする水循環系にも大きな影響を与えた。都市内の中小河川では、相次ぐ大型台風の襲来もあって水害が多発するようになり、水質汚濁をはじめとする河川環境の悪化に悩むこととなった。また、洪水処理機能の向上を中心とした整備は、河川と人々の日常生活との関係を一層希薄なものとした。

### (1) 多発する水害と治水対策

　流域の開発や都市化の進展により、緑地や農地等の浸透域が減少した。その結果、洪水はより短時間により多く流出するようになった。また、低平地での市街化の進展や地盤沈下等により、洪水による被害ポテンシャルが増大した。この様な都市型水害が初めて指摘されたのは、昭和33年の狩野川台風においてであった。

　財政上の制約のなかで、緊急に都市の治水安全度の向上を図るため、洪水処理を中心とした河川整備が行われた。川沿いに住宅や工場が密集した都市においては、河川用地の確保が困難であり、限られた用地の中で洪水を処理するために、河床を掘り下げ、河岸を直壁としたいわゆる三面張のコンクリート護岸やコンクリートの直立した構造の堤防も数多く造られた。

　その一方では、依然として大都市内に無堤地区が存在し、水害の危険があった。

　昭和40年代後半になって、都市部における洪水の流出増を線的な河川のみで対応するのは限界があると認識され、流域全体で面的に流出負荷を受け持とうという総合治水対策が始められた。

### (2) 河川環境の悪化

　都市内においては、上流域における取水量の増加、浸透域の減少や下水道整備による取排水系統の変化等により、河川水や湧水が枯渇、減少した。

　都市への人口集中に下水道の整備が追いつかず、家庭からの生活排水は、河川をはじめとする公共用水域に直接排出された。また、工場廃水も十分な処理が行われないまま河川に排出されるようになった。このような自浄能力を超える汚濁負荷の増大は、急速に河川の水質悪化をもたらし、悪臭を放つ河川も増加した。河川水質の悪化や洪水処理中心の河川整備によって、都市内の中小河川の多くは生物の生息が困難になった。

　さらに、これらの河川は、周辺住民の要望もあって、埋め立てや蓋かけがなされ、道路などに利用された例も多い。

　昭和45年に制定された水質汚濁防止法に基づく排水規制、また下水道の整備、浄化用水の導入や河川水の直接浄化等の対策が行われ、昭和50年代に入ると、都市内の河川の著しい水質汚濁は相当改善された。その後、都市内の河川の水質は徐々に改善しているものの、依然として十分でない河川も多い。

### (3) 河川に関係する伝統的な行事の廃絶

河川環境の悪化や、都市への人口集中に伴う生活スタイルの変化によって、都市内においては、流し雛、灯ろう流しなどの川にまつわる伝統的な行事の多くがすたれ、川を介した地域住民の交流も途絶えたところが多い。

### (4) まちづくりと連携した河川環境の形成

社会全体の生活水準が向上した昭和60年代になると、住民の多様なニーズを踏まえ、地域の個性を活かしたうるおいのある河川整備や、川沿いのまちづくりと一体となった河川整備が行われるようになってきた。

平成2年には、環境への意識の高まりの中で、河川に棲む生物に配慮した川づくり（多自然型川づくり）が全国的に始められた。さらに、平成7年には、河川審議会答申「今後の河川環境のあり方について」において、生物の多様な生息・生育環境の確保が打ち出され、平成9年には、「河川環境の整備と保全」が河川法の目的に位置づけられた。

## 1.2 都市内河川の抱える課題

これまでの河川整備は、多発する水害に対応し、都市における治水安全度を向上させるため、洪水処理対策に最大限の努力を払ってきた。その緊急性があまりにも高かったがゆえに、必ずしも河川の生態系や河川利用への配慮を十分に行ってきたとは言い難い。

市街地では、他の地域に比べ川沿いの土地利用が輻輳しており、また生活様式が多様なことから、沿川地域と河川との関わり方も異なっている。しかし、これらの都市の特性に着目した河川の構造についての特別な基準はなかった。また、沿川地域の住民の河川に対する様々な要望が、河川整備に直接反映される仕組みもなかったこともあり、河川整備にそれぞれの都市の個性を尊重することは少なかった。

一方、まちづくりの主体である市町村は、河川整備に関する権限がなかったこともあり、まちづくりの中で河川の特性を活かすという発想も希薄であった。さらに、河川の利用面についても河川管理者の裁量によるところが多く、市町村としては河川を都市空間として利用しにくかった面もある。

河川とまちづくりを一体的に進める手段に「都市計画」がある。しかし、河川が基本的には現状の土地利用をもとに計画、整備されるのに対し、まちづくりは将来計画を中心に計画されていることもあり、計画エリア、整備スケジュール等が異なることも多い。そのため、河川を都市計画に位置づけ、まちづくりに活かす取組みはほとんど行われてこなかった。また、人工物である都市の中で、自然公物たる河川は、扱い難い面があったとも言える。

このように、河川とまちづくりがそれぞれ別々に計画、整備されてきた結果、都市内の河川はDID（人口集中地区）を中心に、現在、防災、環境、河川利用の面で、以下に示すような多くの課題を抱えている。

### (1) 都市の防災

都市内の河川は、埋め立てによって水面の消滅や川幅の減少が進み、従前河川が持っていた火災時の延焼遮断の働きを損なっている。また、川沿いに近接して建てられた建築物は、河川へのアクセスを阻害し、災害時の河川への避難や消火用水としての利用などを困難にしている。さらには、地域防災計画において、河川や河川敷地が緊急時の避難路や避難地、緊急輸送路として位置づけられておらず、本来、河川が持ちうるこれらの役割が十分活かされていない。

なお、災害の規模、種類によっては、河川があるために通行を阻害し、河川自体が危険な存在となりうることも忘れてはならない。

## (2) 河川環境

　都市内の密集市街地では、河川に近接し背を向けた形で家屋が建ち並び、川沿いに連続して歩けないところが多い。また、河川整備による高い堤防、コンクリートの直立堤防、切り立った護岸、張り巡らされたフェンス等によって、人々は水とふれあうことができなくなったばかりでなく、河岸に近づくことさえ不可能となった。

　このため、都市内河川の多くは、狭くて暗い景観を呈している。また、それぞれの地域が持つ歴史、風土、文化が活かされず、画一的で個性のない河川景観となっているところも多い。さらに、川と街並みが一体的にデザインされておらず、ちぐはぐな都市景観を形成している。

　都市内の河川では、水循環系の変化から生じた河川流量の減少、水質の悪化やコンクリート護岸に代表される河川施設の構造等が環境へ様々な影響を与えている。生物の生息・生育環境の悪化により、汽水域をはじめとして生物間の食物連鎖に影響を与えている。また、悪臭の発生やうるおいの喪失、さらにはヒートアイランド現象等、日々の生活環境にも悪影響をもたらしている。

## (3) 河川利用

　土地利用が高度化した都市においては、河川空間に対しても様々な利用が望まれている。しかし、これまで洪水処理機能の確保が河川整備の最優先課題とされてきたことから、河川に対してまちづくりや地域活性化の役割が求められることは少なかった。一方、河川は洪水処理を万全に行おうという視点が強かったため、これに少しでも支障を来す恐れがあるものは排除してきたことから、ライフラインの収容空間として利用すること等を積極的に認めてこなかった。

　今日、地球温暖化等の解決に資することから、その利用が期待されている河川水熱の有効利用（ヒートポンプ）やエネルギー使用量の小さい河川舟運の再構築に対する取り組みがなされており、これらに対する各種の基準やルールづくりが急がれているところである。なお、河川審議会の答申を受け、河川における船舶の通航ルールの準則が先般定められたところである。

　また、近年の水上レジャーに対するニーズの高まりは、都市内の河川にもプレジャーボートの増加をもたらした。一方、それらの所有者のモラルの欠如、係留施設の不足等に起因して、多数のボートが河川内に不法係留されており、公共水域の利用や災害及び安全上の問題にとどまらず、都市の環境上多くの問題を引き起こしている。

　以上のように、現時点で全国的に見れば、都市内河川は多くの課題を抱えている一方、これまでにも様々な事業・施策を組み合わせて、河川を活かした良好なまちづくりが行われてきた事例もいくつか挙げられる。

　そのような例として、西宮市において夙川沿いに計画的に緑地を配置した夙川公園や、広島市において古川の沿川地域における地区計画により川沿いの景観に配慮して整備された街並み等がある。

　このような事例で共通するのは、川を身近に感じ、まちづくりに川を活かそうとする地域の熱意であり、このような地域の要望に応え、支援する方策が必要である。

# 2 今後の都市と河川のあり方

「河川」は、本来自然が形づくったものである。「都市」は道路や下水道、建物などの人工的施設と、河川や丘陵等の自然物との総体として位置づけられる。従って、河川を本来の「自然物」として「都市」がどのように受け入れるかが重要であり、まちづくりには、「河川をつくる」のではなく、「如何に河川を活かすか」という視点が求められている。

世界的にも「河川」は都市の顔として、その地域の「風土」「文化」の象徴である。したがって、「河川整備」がまちづくりに重要であることを認識する必要がある。

## 2.1 求められる視点

都市化社会から都市型社会への移行に伴い、今後は都市の個性を尊重しつつ、都市の再構築を図っていくことが望まれている。このような背景を踏まえ、今後、都市内の河川の整備を行っていく際には、以下に示す視点が求められている。

### (1) 河川の特性を活かす

河川は、上流の山間部から下流の河口部まで連続的な空間を形成している。河川は、都市における広大な公共空間として都市の骨格を形成するものである。

また、河川はそれぞれの都市のランドマークとなるとともに、四季折々の風景の変化の中で、人々にうるおいを与えている。そして、多様な動植物の生息・生育環境が成立するために必要な場でもある。さらに、河川の成り立ちや人との関わりは様々であり、そのため特有の風土、文化を形成する要因となっている。

河川は自然公物であり、それぞれにその形状（川幅、深さ、勾配等）や流れ（流量、流速、水質等）も異なっており、従ってそこに存在する生態系も多様である。

「都市の環境管理」という視点からも、都市内の河川の整備にあたっては、以上のような河川の特性を十分に考慮しなければならない。

### (2) 流域・水循環の視点

河川は、水循環系の骨格を形成している。多発する水害、河川水質の悪化等の水循環系の変化による問題が顕在化している都市域においては、河川のみならず流域全体を視野に入れた健全な水循環の視点が重要である。

特に、都市における治水対策を進めるためには、水系一貫という考え方のみならず、流域の持つ保水・遊水機能を保全しつつ、将来の開発計画や土地利用を考慮する。併せて、流域における適正な役割分担を行い、まちづくりと一体となった貯留・浸透機能の確保等流域全体で総合治水対策を積極的に推進する。

### (3) まちづくりとの連携

今後は、まちづくりの主体である市町村と河川管理者が一体となって、河川及び川沿いのまちづくりを考える。

市町村は、河川を「都市の重要な構成要素」として位置づけ、河川の多様な機能を活かしつつ、まちづくりを行う。その際には、自然の地形を活かし、河川と沿川地域の空間としての連続性（地形、構造、機能、景観等）を確保する。一方、河川整備においては、治水機能の確保に併せ、「河川環境の整備と保全」、「河川の適正な利用」が河川管理の本来目的であることを踏まえ、

環境機能の向上、適正な河川利用を推進する。

　都市内には、公園、緑地、街路等の多様な都市施設が存在する。河川についても、都市施設としてこれらの施設と計画の整合性を図る。さらに、沿川地域においては、河川と他の都市施設を一体的に設計することにより、都市空間の連続性を確保する。

　なお、河川及びまちづくりの構想、計画の策定段階から、地域住民の参画を推進することが大切である。

## 2.2 都市内河川の果たすべき役割

　今後の都市の再構築のなかで、都市内の河川はしっかりとした公共空間として整備・保全する。すなわち、治水機能を確保する空間であることはもちろん、都市の防災機能を確保する空間、身近な環境空間、都市活動を支える空間としての役割が期待されている。

### (1) 防災機能の確保

　河川は、道路と並んで都市の骨格を形成しており、戦前の東京緑地計画においても、防災の観点も含めて川沿いの緑地が位置づけられていた。今後、都市内河川について、河川や川沿いの空間を災害時の延焼遮断帯として位置づけるとともに、避難地、避難路、舟運等による緊急輸送路として利用できるようにする。また、阪神・淡路大震災では、通常の消防水利が役に立たず、身近な河川、プール、防火水槽が役に立ったことも踏まえ、都市内の中小河川を緊急時の消火用水・生活用水の水源として活用できるようにする。

### (2) 身近な環境空間の保全と創出

　都市内の河川は、スポーツ・レクリエーションが可能な身近な空間であり、動植物の生息・生育が可能な限られた空間でもあることから、都市に居住する住民にとって身近に自然とふれあうことのできる貴重な空間である。

　また、地域の歴史、文化を感じさせ、水と緑のある河川は、うるおいと安らぎを感じることのできる水辺空間としても、その役割を果たすべきである。

　特に、人工的に形成された都市内において、自然空間としての河川に対しては「美しさ」、「歴史性」、「文化性」などが求められている。

### (3) 都市活動を支える空間

　河川及び沿川地域においては、自然環境の保全とのバランスを図りつつ、多様な都市活動が可能となるような適正な河川空間の利用を促進する。

　都市における二酸化炭素などの環境負荷を低減させるため、現在利用されていない河川水熱を有効利用する。また、舟運の効果的な利用と併せて、鉄道などの陸上交通機関との結節施設として、船着き場の整備等について検討する。

　また、河川の連続した空間の地下を活かし、上下水道、電気等の都市のライフラインの収容を可能とする。さらに、まちの魅力を高め、地域の活性化を図るため、河川空間の特性を踏まえた河川の整備、利用方策を検討する。

# 3　都市内河川の整備方策

かつては、「川沿いの空地を利用して利便施設をつくるべきである」、「水質が悪化した川を埋めるべきである」、という地域住民の意向に応じて整備を行った事例が多くあるが、ここには問題点もあった。

時代により住民の意見は当然変化するので、短期的な視点のみではなく、長期的な視点、将来の状態を考慮した整備方策をたてることが必要である。

## 3.1 都市内河川整備の基本方針

### (1) しっかりとした公共空間の確保

川沿いに通路や緑地などの公共空間を整備することにより、都市の防災機能の向上を図るとともに、都市の中に身近な自然を有する水辺空間を保全・創出する。

**1. 河川を活かした防災都市づくりの推進**

河川のもつ防災機能を活かし、災害に強い都市づくりを進めるため、河川を地域防災計画等に積極的に位置づけ、以下に示す整備を推進する。

川沿いの建物の不燃化を図りつつ、川沿いに十分な幅員の管理用通路や緑地帯を整備することによって、火災時の延焼遮断機能を向上させる。安全な避難路、緊急車両用通路を確保する。河川水を緊急時の消火用水・生活用水として利用可能な河川構造とする。河川に流れ込む水路とのネットワーク化を図る。また、緊急時の物資輸送を行うため、舟運利用を可能とする。

**2. 水と緑のネットワーク形成**

建築物が近接して、川沿いに歩けない河川については、河川管理用通路を確保することによって、川沿いに歩けることを基本とする。さらに、川沿いに公園や緑道を配置する。河川管理用通路にも緑を配置し、市街地の中に水と緑のネットワークを形成する。

**3. 身近な自然の保全と創出**

河川及び沿川地域に残された身近な自然を保全する。都市内の身近な自然を回復させるため、沿川地域の環境との連続性に配慮した多自然型川づくりを一層推進する。また、河畔林の保全、樹林帯の整備に努める。

**4. 親水性の確保**

都市内の身近な水辺として、親水性が求められる河川については、子供や高齢者も安全に水辺に近づけるようにする。川沿いの土地利用から、河川用地の確保ができない場合には、上流域での調節池の設置や河川の二層化等によってせせらぎを復活することも検討する。

**5. 都市の中の水辺空間の復活**

うるおいのある都市空間の形成を図るため、市街化の過程で埋められた、あるいは暗渠化された河川等の水辺を、まちづくりと一体となって再生する。その際に、下水処理水などの再利用も積極的に推進する。

## (2) 河川空間の特性を活かした河川の整備

　地域の歴史、風土、文化を踏まえ、沿川地域と河川が調和した、まちの賑わいや新しい魅力を創出するための水辺空間を整備する。このために必要となる河川の構造や占用許可準則の見直しを行う。

### 1. 良好な河川景観の形成

　まちづくりの観点から、川沿いの地域はうるおいのある都市景観を形成することとし、護岸等の河川管理施設について景観に配慮する。市町村が主体となって沿川地域の建物の高さ、色、デザイン等を規制・誘導する。

　さらに、河川に背を向けた街並みから河川に顔を向けたまちづくりを目指し、市街地においては川沿いに従来以上の幅を持った通路を配置する。このため、区画整理等市街地整備と一体的に河川整備を行う場合においては、可能な限り川沿いに街路・緑地等の空間を整備するよう調整を図る。

　河川景観を考える上で「水が澄んでいる」ことは重要な要素の一つである。このため、沿川地域の住民参画によって、各家庭からの排出負荷を低減させ、併せて、河川に流入する水路を含め、河川の浄化を推進する。

### 2. 歴史、風土、文化を活かした河川整備の推進

　地域の歴史、風土、文化を伝える景観を有する河川については、その保全・紹介に努める。また、河川の整備を行う際には、沿川地域の景観との整合を十分考慮する。さらに、河川を介した交流や伝統行事が行われている地域においては、それらの活動を支援するような河川整備を行う。

　このように、自然環境のみではなく、地域の様々な深みのある、個性を反映した「文化・芸術のインフラストラクチュア」として河川を捉えることも重要である。

### 3. にぎわいの創出

　まちの魅力を高め、人々を呼び込み、地域の活性化に役立つように、河川空間を利用したイベントの開催を推進する。また、河川空間へのテラスや遊歩道等の設置について検討する。

### 4. 沿川地域と一体となった新たな河川整備

　親水性を活かした魅力的な水辺空間を形成するため、治水上の影響を十分検討の上、建物と護岸の一体的整備、民有地への河川水面の引き込み等、沿川地域と河川を一体的に整備する。また、密集市街地において土地の有効利用を図るため、建物と河川や調節池を一体的に整備する。

　一方では、川沿いの公共的空間は、河川環境の整備や都市の再構築を進める上で非常に価値がある空間である。沿川地域に恒久的に公共的空間を存続させるためには、財政上の制約等もあるが、極力、公有地として確保することが望ましい。

### 5. 舟運の利用

　都市内の陸上交通の混雑の緩和、二酸化炭素をはじめとする環境負荷の低減を図るため、河川舟運の利用を推進する。このため、陸上交通との結節点としての船着き場の整備方策を検討する。また、緊急時、平常時ともに利用されるための方策が必要である。

　さらに、河川水面の適正な利用を行うため、不法係留船対策を推進する。

### 6. レクリエーション利用

　都市内に残された貴重な自然空間としての河川の特性を最大限活かし、散策路や親水空間としての整備を進め、水とふれあえる機会を創出する。

　また、身近な水辺空間として、河川の特性を踏まえた上でレクリエーション利用について検討する。

### 7. ライフラインとの一体的整備

　都市内におけるライフラインの整備を推進するため、掘込河道の河川管理用通路や地下河川等の河川の連続した地下空間を上下水道や情報通信インフラ整備に利用する。さらに、河川管理用光ファイバーの有効活用とその収容管路の民間開放を推進する。

## 3.2 河川を活かしたまちづくりの総合的な整備方策

　まちづくりに河川を活かすことが今後益々重要になるが、この際、様々な視点から都市の中の河川を考え、「流域」「沿川地域」「河川区域」といった区分で考え方を整理することが有効である。

　また、市街地の河川についての計画を明らかにし、事業執行の効率性を高めるという観点から、原則として、都市内の河川は都市計画決定を行うこととする。

　特に、DID（人口集中地区）を含めた既成市街地内では、市街地開発事業等の都市整備と連携して、同時に河川整備を行うよう計画・事業について調整することが重要である。

### (1) 河川を活かしたまちづくり構想の策定

　河川は都市の重要な構成要素であり、まちづくりについての総合的な構想の中に、河川を積極的に位置づける。

　広域的な視点からの河川の計画については、「河川整備基本方針」を踏まえ都道府県が策定する都市圏のマスタープランとしての「整備・開発・保全の方針」に、一方、個別の都市との関わりについては、「市町村の都市計画に関する基本的な方針（市町村マスタープラン）」等に位置づけることにより、整備・利用を推進する。

　また、河川の持つ特性である防災機能、環境機能を活かすため、関係機関との連携、他の施設との適切な役割分担の下「地域防災計画」や「緑の基本計画」等に位置づける。

### (2) 「河畔まちづくり計画（仮称）」の策定

　河川と沿川地域を一体的に整備・利用するため、相互の構造、デザイン、整備スケジュールの整合を図り、河川の特性を発揮させるよう整備方法、利用方法について調整を図ることが重要である。

　そのため、地域の総合的な計画である「整備・開発・保全の方針」「市町村マスタープラン」に基づき、「河川整備計画」の策定、見直しと同時期に、市町村が主体となって地域の創意工夫及び河川の持つ防災、環境といった特性を活かした「河畔まちづくり計画（仮称）」を策定する。

### (3) 「河畔まちづくり計画（仮称）」に基づく河川整備

　沿川地域の良好なまちづくりを推進するためには、都市の重要な構成要素としての河川の特性を十分活かすことが必要である。そのため、沿川地域と整合を図り、治水機能に加え、防災機能、空間機能、環境機能を併せ持った河川を都市施設として積極的に都市計画決定し、まちづくりに資する河川を積極的に整備する。

　また、「河畔まちづくり計画（仮称）」に位置づけられた河川の整備や利用に関して、市町村の役割の拡大を図るとともに、河川の占用についても地域特性に応じて柔軟に対処する。

## 3.3 役割分担のあり方

　河川と沿川地域が一体となったまちづくりを進めるためには、市町村、地域住民及び河川管理者をはじめとして、関係機関の密接な連携のもとに、適切な費用負担を行い、それぞれの役割を果たすことが必要である。なお、実際の整備に当たっては、統一的なマニュアルを作らず地域レベルで、現地の状況に則して、自由に工夫できるような条件整備を行う。

### (1) 市町村の役割

　市町村は、まちづくりの主体であり、また、地域住民の意向をとらえやすいことから、河川を活かしたまちづくり構想や「河畔まちづくり計画(仮称)」は、河川管理者の協力を得ながら市町村が主体となって策定する。

　また、まちづくり、地域づくりの視点から都市内河川の整備・管理について、地域の実情に応じ市町村が主体的に行うことができる仕組みを検討する。

### (2) 住民参画の促進

　都市内の河川を身近な環境空間としてとらえ、まちづくりの中に組み込んでいくためには、沿川地域の構想・計画策定への地域住民の単なる参加ではなく、自律性を持ち、共同で計画策定を進める参画でなくてはならない。そのためには、河川を利用した環境教育の場の設定や、現況の治水安全度等の河川に関する情報提供など、普段から地域住民と河川との接点を絶えず持つことが必要である。

　また、構想・計画策定段階のみならず、河川整備や維持管理の段階においても、地域住民や市民団体が積極的に参画しやすい体制づくりを進める。

　例えば、ビオトープの整備、水質保全をはじめとする河川環境のモニタリングや環境教育のフィールドとしての活用について、地域住民やNPOと連携をとり、「川に学ぶ」という観点も含めたパートナーシップによる管理のあり方について検討する。

　さらに、地域住民の意見を計画に反映し、河川整備とまちづくりの一体的な計画策定を行うために必要な人材の養成・活動に対する支援方策について検討する。

### (3) 河川管理者の役割

　市町村が、河川を活かしたまちづくりの構想、計画を策定することを促進するため、河川管理者は河川整備の構想、計画内容、整備スケジュールや利用条件に関する情報を積極的に提供する。また、「都市の環境管理」という視点からも、まちづくりに河川の特性が十分活かされた形で「市町村マスタープラン」及び「河畔まちづくり計画(仮称)」が策定されるよう支援する。

　さらに、地域住民やNPOの主体的な河川に関する活動を積極的に支援することとし、情報の提供方法についても、インターネットの活用による体系的な情報提供(ホームページのリンク等)、公報誌への掲載等様々な手段を活用する。

### (4) 民間事業者の参加

　河川整備に民間事業者のノウハウ、資金等を導入するため、川沿いの民間建築物と一体となった護岸等の整備、民有地への河川の引込みなど、民間事業者による水辺空間の整備方策について検討する。

## 「水と緑の環境デザイン」基本政策部会報告

平成10年9月
都市計画中央審議会基本政策部会 水・緑・環境小委員会

# 1 都市環境をめぐる状況の変化と課題

### 1 都市づくりと環境

都市は、わが国においては国民の大部分が居住する場であるとともに、多様な都市活動が行われ、また各種の都市サービスを提供する場でもある。このような都市において、良好な都市環境を形成・維持し、都市の生活の質を高めることが都市行政の目的であることから、時代の要請に対応して法律・事業制度等の充実が図られ、様々な取り組みが実施されてきたところである。

一方、都市は、高度な社会経済活動の集積により、資源・エネルギーが大量に消費される場でもあり、このこと等が原因となって、ヒートアイランド現象の発生、水質の悪化等を引き起こし、都市住民の生活に多大な影響を与えるとともに、都市圏等の環境に大きな負荷を及ぼしている。

21世紀を間近に控えた今日、都市づくりにおいては、社会経済の動向や国民の意識の変化、そして地球環境問題等新たな環境上の課題に対し、新たな視点も含めて積極的に取り組むべきであり、都市活動等による環境負荷を軽減するとともに、自然との共生を図りつつ、新世紀に向けてより積極的に良好な環境を創出していく取り組み、即ち、『環境共生都市』づくりを推進していくことが重要である。

### 2 環境面から見た都市づくりに対する反省

#### (1) 都市づくりのあゆみ

わが国の都市は、近代的な都市活動に対応し得る広い幅員の街路や都市公園などの歴史的なストックが極めて不十分であり、また、第二次世界大戦において多くの都市が戦災を被ったことや、昭和30年代の高度成長期を中心に急激な都市化の進行及び都市の拡散が生じたことなどにより、都市化に対応した新市街地整備、都市施設整備を緊急的かつ効率的に推進することが必要であった。

このような急速な都市の拡散が進行する中で、都市行政に対してはナショナルミニマムの充足が強く求められたことから、個別の施設について全国にわたりできるだけ経済的・効率的に一定の水準を確保するよう、一律の設計基準等に基づき計画を立案するとともに、これに基づいて投資配分・整備するなど、緊急的な対応が必要とされてきた。

一方、都市への急激な人口の集中に伴う宅地開発等により、都市内の中小河川の暗渠化や緑地の消失等、自然空間が減少しはじめたものの、都市周辺にまだ豊かな自然環境が残っていたことから、都市基盤施設の整備水準が非常に低い中で都市化圧力への緊急的な対応の必要性が高いことも有って、『環境』に対するプライオリティが低いレベルにとどまり、自然環境保全等の環境面に対する投資や、関係機関等が調整しての取り組みが充分には行われてこなかった。

## (2) 環境面から見た課題

都市づくりが経済性、効率性の観点を最優先に行われてきたこと等により、市街地整備や施設整備において『施設の画一的整備』等、次のような課題が生じてきた。

### 1) 環境負荷の大きい都市構造

都市の拡大に対応すべく新市街地の整備を進めたことにより、拡大への対応に追われた公共施設整備、自動車利用の増大等、環境負荷の大きい都市構造となってきた。また、水質汚濁の進行や、都市活動によるエネルギー消費の増大等によるヒートアイランド現象の発生等、外部不経済の拡大を招いてきた。

### 2) 都市内の自然的環境が大幅に後退

昭和40年代以降、都市への急激な人口の集中に伴う宅地開発等により、都市内の中小河川や緑地等の自然的環境が大幅に後退してきた。これに対して、例えば緑については、都市公園の緊急的な整備など都市計画に基づく様々な保全・創出に関する取り組みが行われてきたが、投資が充分行われず、また、緑地保全の施策や規制への国民的理解が不充分であったこと等により、充分な取り組みとはなってこなかった。このため、生態系への影響等が生じてきた。

### 3) 流域の水循環への影響

都市化により、アスファルト舗装面積の増加などによる不浸透域の拡大が生じ、地下水等の水循環に多大な影響を与え、渇水や水害に対する安全性低下の一因となっている。一方、生活用水172億トンの2/3に相当する約117億トンが下水処理場で処理される中、処理のレベル、放流地点が河川の水量・水質に与える影響が高まってきているが、現在の各種計画は良好な水循環の形成に対し総合的に取組む上では充分なものとは言えない状況にある。

### 4) 人工物が基調の画一的整備、施設や地域間の連携不足

一律の設計基準等を踏まえ人工物を基調とした画一的な施設整備が進められてきたことや施設相互、地域間の連携が不足してきたこと等により、次のような問題が生じてきた。
a) 護岸の三面張等、当該施設の有する他の機能（多くは環境面に関する機能）に配慮しない、必要最小限の画一的な整備。
b) 沿川地域から河川空間にアプローチできない等、各施設が個別に整備されたことによる施設間の連携不足。
c) 職場周辺での屋上緑化による潤いの確保や、休日に自然に親しめる空間の周辺地域での確保等、職・住・遊等生活の様々な場面に対応した都市環境づくりや、良好な水循環、多様な生態系の確保など、周辺地域と連携して計画すべき課題に対する取組みが不充分。

### 5) 建設省所管施設等に限定された取り組み

現在の都市計画は、制度としては対象を幅広く捉えているが、実際の運用においては、民間主体等による建築行為や、道路、公園、下水道といった建設省所管施設に係る施設整備にその対象が概ね限定されてきた傾向があり、廃棄物問題やエネルギー問題等の都市問題への取組みが不充分となっている。

### 6) 緊急的整備がなされたため、維持管理や更新が課題

従来緊急的な対応に追われてきたため、良好なストック形成の視点が不足し、維持管理や更新のための費用が増大している。今後、地球温暖化や廃棄物の問題から、ライフサイクルアセスメントの視点が重視されていく中で、施設を有効に使う・長く使う等の取組みを考えていくことが必要となっている。

## 3 社会経済の動向を踏まえた都市環境上の課題

　わが国の人口のピークが間近に迫る中、都市の拡張テンポが低下してきており、従来の人口、産業が都市へ集中し、都市が拡大する『都市化社会』から、都市化が落ち着いて産業、文化等の活動が都市を共有の場として展開する成熟した『都市型社会』への移行が進みつつある。

　このような『都市型社会』においては、都市環境に対して従来とは違った新たな視点からの取り組みが求められる。具体的には次のような点が考えられる。

### 1) 環境問題へのより積極的な対応

　都市の自然の減少が著しいこともあり、郊外部等に残された自然を守ろうとする動きはかつてなく強い。また、地球環境問題に対しても無関心ではいられない状況となってきている。このような環境保全に対する市民意識の高まりとともに、都市行政においても地球レベルの環境問題への対応が求められる中で、従来の経済性等の観点を優先した整備の考え方では、これらの課題への対応が難しくなっている。

### 2) 効果的な都市整備

　高齢社会、経済の安定成長化等による投資余力の減少を踏まえ、総合的な施設整備、土地利用の調整等による、様々な機能に着目しての効果的な都市整備の展開が求められており、従来の個別の施設での整備目標に基づく整備とは違った、快適性等機能の面から総合的に捉える視点が必要と考えられる。さらに、ライフサイクルを考えた長期的なコスト削減の視点も必要である。

### 3) 都市の個性の発揮

　従来の都市整備では、都市基盤の量的充足に追われ、結果として施設の画一化を招いたことなどを要因として、都市の「顔」がなくなり、都市の個性が失われつつある。これが都市の魅力の低下の一因ともなり、例えば東京等の大都市中心部において居住人口が減少し、生活者に古くから根付く歴史・文化の喪失、コミュニティ崩壊の問題が生じる、あるいは、地方都市において中心市街地の人口の減少・高齢化等の問題が生じていると考えられる。

　このような問題への対応として、都市は本来、地域固有の歴史・文化等を持った個性的なものであることを踏まえ、個性を活かせる幅を持った施策の展開、住民の広範な参加と協力の仕組みづくりが求められている。

　一方、都市という限定された地域の中には人口や諸々の施設が集積し、生産活動、消費活動等が集中して行われ、相互にプラス、マイナスの影響を及ぼすなど密接に関連している。したがって、従来の取組みの延長線上で、課題に個々の施設ごとに対応するのではなく、より総合的に推進することが必要である。

　このような状況から、今後、コンパクトな都市（適正規模論の視点等により、都市周辺の自然を保全するとともに、環境負荷軽減に配慮しつつ中心市街地への機能集積を進めた、集約型の都市）への再構築を進める方向性の中で、都市環境への取り組みについても、快適性等機能の視点から再構成を行い、より積極的な取り組みを進めていくことが必要である。

# 2 今後の都市環境政策の視点

## 1 環境共生都市づくりにおける水・緑の重要性

　従来は、都市環境に関する課題を解決するために、主として個別の施設整備を推進することにより対応が進められてきたが、個別対応を原因とする弊害も生じているとともに、ヒートアイランド現象の緩和や、都市における「安全・安心」の確保等、従前の取り組み方法では解決が困難な、総合的な取組みが必要な課題とされる課題が生じている。また、自然とのふれあいなどの環境保全に対するニーズの高まりに充分対応していないなど、国民の生活の視点からの満足度が充分上がっていない面がある。

　今後の『環境共生都市』づくりにおいては、都市型社会における都市の再構築の視点を踏まえつつ、暮らし、活動する人々と、都市との関わりの観点に立った施策展開が重要であり、ソフト施策も含めた、計画から施設整備・運営に至る総合的な施策展開を図っていくことが必要と考えられる。

　また、個別の都市での対策にとどまるのではなく、都市活動が影響を与える都市圏、及び、流域等のより広域のエリアを視点におきつつ、環境施策を推進することが必要である。

　水と緑については、このような『環境共生都市』実現のために重要かつ不可欠である『都市の重要な構成要素』であり、今後、以下の点を重視しつつ、水と緑に関する施策に積極的に取組んでいくことが重要と考えられる。

### 1) 地球規模等の環境問題との連続性を重視

　　エネルギーや物質の消費に関わる大部分の活動は都市で実施され、これによる環境への負荷は広域的な影響を与えている。したがって、直接的に都市に関わる環境問題だけでなく、地球規模の環境問題にもつながる視点からの的確な対応が必要である。

　　水と緑は、蒸発散や『風の道』の形成等によるヒートアイランド現象の緩和や$CO_2$の吸収を通じて地球温暖化の防止に資する等、地球規模の環境問題にも都市総体で対応する骨格的要素である。

　　また、廃棄物等様々な『循環』に関わる問題解決の視点からも、コンポストの活用、緑地と一体となった最終処分場の立地等、都市の物質循環の重要な場である。

### 2) 限られた空間を活用してのコンパクトな都市づくりを重視

　　都市周辺の自然を保全しつつ効率的に都市整備を進めるという視点から、コンパクトな都市づくり等を進める上では、限られた都市空間を複合的な観点から再評価し、防災機能、環境保全機能など多様な機能を発揮させることが必要である。

　　水と緑に関する公共的な都市空間は、自然環境面の機能のみならず、防災機能、交通機能等の多様な機能を有している。このため、平常時は快適性を提供するとともに、同じ空間が非常時には避難場所・生活用水を提供する等、人々の生活に密着した役割を発揮するものである。

　　また、土地が本来持っていたが都市化により失われていた雨水浸透機能を再生することにより、水環境の改善を図ることができる。

### 3) 個性や、安心感のある、永く暮らしたくなるような環境を重視

　　都心部における水と緑の空間の確保により、働く人々にとって安らぎがある都市空間を形成するとともに、質の高い、自然の機能を充分に活用した自然空間の確保等、子供たち

が豊かな心と体を育める潤いのある市街地を、都市圏内及び都市圏間の連携等により形成することが必要である。

また、高齢者等が安心して心地よく暮らせる『環境ミニマム』（防災性の向上や、水の安全性向上等）の形成が必要である。

さらに、地形等、地域の自然的・文化的・歴史的資源を『貴重な都市の資産』として活用することによる郷土への愛着の醸成も重要である。

水と緑は、例えば、河川が「季節による変化」、「古くから産業・交通等人々の生活と共にあった」等の特性を有するのをはじめ、公園、街路等の空間における水・緑も含めて、都市の風土・文化を形成し、新世紀に求められる「個性と風格のある都市づくり」の核となる要素である。

また、都市の喧騒から逃れる緑陰等休憩の場を提供するとともに、都市住民に精神的やすらぎを与えるほか、安全でおいしい飲み水を供給する等、日々の暮らしにも密接に関連する要素である。

## 2 水・緑に関する施策の再構成

水や緑はこのように都市環境への取組みの推進に対し、様々な重要性を有しているにも関わらず、経済性・効率性を重視した計画立案及び投資配分がなされてきた、あるいは、個々の施設別での緊急的な整備が進められる等の状況の中で、連携してより効果を発揮する等の取り組みが充分に行われてきたとは言い難い状況にある。

今後は、個々に実施されてきた取り組み、言い換えれば公園、下水道、街路、河川等に関する取り組み、関係機関における取り組み、及び、市民・企業における取り組みについて、快適性の観点から連携する等、以下の体系により施策を再構成し、各々のバランスをとりながら総合的・効果的に取り組むことが必要である。

### 1) 水・緑の快適な都市

広域的な緑の拠点となる大規模な緑地から身近な水と緑の空間まで、また、職・住・遊等のライフサイクルの視点から水と緑の空間を体系的に整備するとともに、雨水・下水処理水の雑用水としての利用や緑と一体となったせせらぎへの導水等親水面での有効利用、並びに、雨水の貯留浸透を重視した都市づくりを行うこと等により市民が水に親しめる良好な水環境を形成するなどにより、活き活きと暮らせ、魅力的な都市の形成を推進する。

### 2) 水・緑の持続する都市

ヒートアイランド現象の緩和や$CO_2$の吸収を通じた地球温暖化への対応や、リサイクルの推進による廃棄物問題への対応等、水と緑の視点から、新世紀の子供たちのために、環境負荷が小さい持続可能な都市の形成を推進する。

### 3) 水・緑の安全な都市

平常時は快適性とともに安全な飲み水を提供し、非常時には治水安全度の向上、避難路・避難地の確保、消火用水・生活用水の確保等、水害や震災等に対する高い防災性が発揮される、高齢者等が安全で安心して暮らせる都市の形成を推進する。

# 3 水や緑を活かした具体的施策

## 1 快適・持続・安全をめざす具体的取組み

　二で示した今後の都市環境政策に対する考え方を受けた、「快適」、「持続」、「安全」を目指した都市づくりを進める上で具体的に実行すべき方策については、以下のように考えられる。

### (1) 水と緑に関する骨格的な環境形成の推進

#### 1) 基本的な考え方

　河川・樹林地等残されたオープンスペースと公園緑地の整備の連携、下水処理の推進とあわせた処理水の有効利用、緑化等と連携した雨水の貯留浸透推進等、水と緑に関する施策の連携により、空間面、あるいは、水循環・水環境面での、都市の骨格的な環境形成を推進するべきである。

#### 2) 具体的取り組み

　人口集中が著しく、自然環境が失われている大都市等においては、河川、海岸や樹林地等残された大規模な自然的オープンスペースの価値が一層重要である。そこで、河川空間を活かし、公園・緑地、街路等と一体のものとしての公共空間のネットワークの構築や、民有地の緑との調整を図った保全型の大規模緑地の整備による緑の拠点整備等により、水と緑のオープンスペースの骨格を形成していくことが必要である。

　我が国では、このような河川と公園・緑地、街路等が一体となったオープンスペース形成については既に先駆的な実例が有り、今後このような取り組みを全国的に展開していくべきである。

　都市における河川、水路等の水量、水質を改善し、市民が親しめる良好な水環境を形成していくことが重要である。適正な費用負担に基づく下水処理水の上流還元による水量面での環境改善や、閉鎖性水域等の水質改善のための処理レベルの高度化を図っていくべきである。また、水質悪化の原因を元から解消するべく、排水処理困難物質の排水源での流出抑制に関する規制等、規制改善のルールづくりを行っていくべきである。

　都市総体としての水環境改善策として、都市内で大きな面積を占める街路・駐車場及び公園等での雨水貯留浸透施設整備、並びに、個人の住宅等での各戸貯留浸透施設整備による地下水涵養等水循環の改善を図っていくべきである。これに関しては、ドイツの地区詳細計画（Bプラン）において、宅地の舗装化率の上限値に関する規定が設けられていることも参考となる。

　また、貯留水の雑用水としての利用や、水緑空間へのせせらぎ用水としての導水の推進等により、雨水の有効利用を促進することが必要である。

　なお、雨水浸透の推進により土地が本来有していた自然の状態に近づき、湧水が復活した例が東京都等で見られるが、このような身近な水・緑に子供の頃から触れることも重要であり、あわせて湧水周辺の環境を整備していくことが必要である。

　ちなみに、貯留浸透施設の整備によって、降雨により汚水がオーバーフローする頻度が減少し、水質改善効果をあげていくものと考えられることから、合流式下水道の改善の観点からも重要である。

　地方都市を中心に、都市周辺の緑地であり、郷土景観としても重要な水田景観の保全等、周辺地域との連携を図っていくことが必要である。

## (2) 河川を活かした都市づくりの推進

### 1) 基本的な考え方
『都市の貴重な構成要素』である河川の特性を評価し、河川の都市計画への積極的な位置づけ、事業の連携等により、『河川を活かした都市づくり』を推進するべきである。

### 2) 具体的取り組み
河川を都市づくりの中で活かすため、治水安全度の確保と地域の個性を活かした都市づくりとの整合性を図りつつ、都市における河川の整備方針について、都市計画のマスタープランである「整備・開発・保全の方針」、「市町村マスタープラン」に位置づけるとともに、「緑の基本計画」に水に関する取り組みも積極的に位置づけ、これらを踏まえて、河川を都市計画決定していくべきである。

また、これに関連して、建築物の高さをコントロールしたり、あるいは周辺で建築物が密集している地区において、土地の高度利用を推進しつつ建築物の足元の空地率を高めることにより、河川に向けてオープンスペースを確保する等の地域の特性に応じて河川の広がり感が活かせるような都市づくりの発想も必要である。

なお、河川の都市計画への位置づけを支援するために必要な技術基準、例えば都市計画を行う区間の取り方、複数の都道府県にまたがる場合の計画のあり方等について、多様な地域性の発現に配慮しつつ策定を進める必要がある。

関係者間の協議の場を設置する等により、スーパー堤防整備と一体となった市街地整備、あるいは、市町村マスタープラン等に位置づけられた特定の地区において、都市内河川に関する河川構造や河川占用許可についての特例等を踏まえて、「沿川まちづくり計画(仮称)」(河川沿い空間の整備・管理計画)による河川空間を活かした都市づくりを推進することにより、河川、公園・緑地、街路等が一体となった水と緑豊かなオープンスペースの骨格を系統的に形成していくべきである。

この際には、例えば河川空間の魅力をより高めるため、レストラン等賑わいを創出する施設の積極的誘致、あるいは、河川水面において水上タクシー、水上バス、ヨットやモーターボートなどの積極的な利用を可能とし河川沿いの都市景観を楽しめる視点の場を提供する等の発想も必要である。

## (3) 水・緑を活用した地球温暖化対策の推進＝都市を冷やす

### 1) 基本的な考え方
地球温暖化対策を推進するため、水と緑の空間を拡大を図る観点から、河川、公園・緑地等の計画的整備と共に、建築物の屋上や人工地盤等を含めた民有地の緑化等総合的な取り組みを進めるべきである。また、交通やエネルギー等多様な面での活用も推進すべきである。

### 2) 具体的取り組み
地球温暖化に対する都市としての取り組みとして、ライフスタイルの見直し等発生源での対策とともに、ヒートアイランド現象の緩和の観点から、水と緑の空間の拡大を図ることが重要である。このため、河川、公園・緑地、街路等のオープンスペースや市役所、学校等の公共施設での水と緑の骨格形成とともに、敷地内、建築物の屋上及び壁面、人工地盤等民有地での緑化の推進や、屋敷林等良好な民有地の保全により、都市緑化を総合的に推進（所有の官・民を問わず、保全型・創造型を問わず）するべきである。

また、これとともに下水雨水渠のオープン化等により水面を拡大することも重要であるとともに、下水処理水等の活用により冷暖房消費電力の低減を図っていくことが必要である。

都市交通に係る負荷の削減を図るため、舟運の『低速・大量輸送・景観』等の特性が活かせる場合において、河川空間を活かして舟運の推進について検討することが必要である。

また、都市の再構築に伴う公共施設等の再配置にあわせて、河川管理用通路等の河川空間、植栽された歩道空間等、公共施設空間の一体的・複合的な計画・整備により、水と緑の快適な自転車・歩行者ネットワークや交通結節点を整備し、『あるきやすい都市』づくりを推進することにより、短距離移動について自動車交通から自転車・歩行者交通への転換を促進することが必要である。

　大都市においては、活発な都市活動に起因する廃熱による熱負荷が非常に大きいことから、下水管渠をエネルギーネットワークとして活用する等、廃熱の処理・活用を適切に行っていくことが必要である。

### （4）水・緑を活かした廃棄物対策の推進＝都市資源の活用

#### 1）基本的な考え方

　都市における廃棄物問題は一層深刻化していることから、都市行政の分野においても都市施設の計画・整備や管理など様々な局面に応じて、積極的な取り組みを進めるべきである。

　例えば、緑のリユース、リサイクル、バイオマスエネルギーの活用を進めるとともに、費用負担等の整理を行いつつ、下水道施設等を都市における『廃棄物の資源としての回収システム』として活用する等の取り組みを行うべきである。

#### 2）具体的取り組み

　工事等によりその場所で残すことが困難になった樹木を他の箇所での積極的な活用（リユース）を図ることが必要である。また、都市公園、街路樹等から発生する落葉・剪定枝については、極力廃棄物とならない管理を重視しつつ、やむをえず処分すべき物や生ゴミ等の有機性廃棄物をコンポスト化し、都市内で循環利用できるような緑のリサイクルシステムの推進や、バイオエネルギーの活用を進めることが必要である。

　都市全体としてリサイクルを総合的に進める中で、下水道施設を都市における『廃棄物の資源の回収システム』としても位置づけ、以下のようなケース等において、活用していくことが考えられるのではないか。

a）施設の対応可能性、都市全体としての負荷等を考慮しつつ、下水道へのディスポーザー導入及び下水処理場でのエネルギー回収・コンポスト化等による、廃棄物の資源としての回収・利用システムの構築
b）廃棄物焼却施設と下水道等汚泥処理施設の共同化による施設の効率化、熱利用推進等、都市施設の効率的計画・整備
c）特に周辺に田畑が広がる地方都市においては、畜産排水を下水道において受け入れて効率的な処理を行う、あるいは、発生汚泥のコンポスト化による再利用を推進する等、農山漁村と連携してのリサイクルの実施。

### （5）平常時／快適に、非常時／安全に住める都市づくり

#### 1）基本的な考え方

　都市の限られた空間を有効に使いつつ、投資による効果を十分に発揮させ、市民の水・緑へのニーズに対応するためには、単独の機能や施設の視点で計画・整備を行うのではなく、防災・環境等水・緑の多様な機能を活かすことが重要である。つまり、平常時においては良好な管理により快適な空間として存在するとともに、水・緑による防災機能が強化された、非常時においては安心に住むことができる、リスクへの対応力と潤いとを一体的に効果的に高めた都市づくりを行っていくことが必要である。

### 2) 具体的取り組み

　　従来河川改修や下水道整備を中心に対応が進められてきた雨水対策について、関係機関が共同で設置した「都市雨水対策協議会」等での検討により、都市施設や民有地での雨水貯留浸透対策の一層の推進や、河川と下水道施設の相互連携を図るなどにより総合的な雨水対策を推進する等、事業の一層の連携を図りつつ、都市総体としての治水安全度を高める都市づくりを推進すべきである。

　　その際には、貯留した雨水をせせらぎ等へ導水する等、同時に平常時の快適性も高める取り組みを行うことが考えられる。

　　防災公園の整備や、都市内河川、下水道等の水路の防災施設としての活用により、延焼遮断効果、消火用水・生活用水の確保、及び、避難地・避難路としての利用をすすめるべきである。

　　また、都市および、その周辺の斜面緑地を防災上の観点からも保全するとともに、都市計画や緑の基本計画で保全すべき緑地として位置づけ、開発時において緑地機能が損なわれないよう考慮するべきである。

## 2　具体的施策を支える共通的取り組み

　Ⅲの1.で示した具体的施策の実行を支える共通的な取組みについては、以下のように考えられる。

### (1) 環境に対する適切な評価

#### 1) 基本的な考え方

　　『水センサス』、『都市の緑の国勢調査』等、都市環境に関する検討のベースとなる情報をデータベース化するとともに、都市環境に関する評価手法を充実する等技術開発を推進すべきである。

　　また、みずみずしさ指標、うるおい緑率等わかりやすく、環境の総合質を計測できるような指標を開発し、インターネット等により情報を持続的に提供することにより、市民の環境問題への関心と理解を高めるべきである。

#### 2) 具体的取り組み

　　都市環境に関する取り組みを効果的に進めていくためには、環境に関する情報の蓄積、施策の効果の評価手法の確立、新技術の開発等を行っていくことが必要である。そのためには、情報を蓄積しつつ継続的に研究を行っていくことが重要であると考えられることから、都市環境に関する情報の蓄積と分析、評価手法の研究及び新技術の開発を行っていく機関の確立が必要である。

　　都市環境に関して検討を行う第一歩として、水と緑等に関する地域の特性を充分に把握することが重要である。このため、関係機関との連携により、河川、水路、上下水道等用排水システム等全体の水量・水質等の基礎データを共通のデータベースとして整備した『水センサス』や、3大都市圏等において緑地及び緑被地に関する空間データの現況を把握する『都市の緑の国勢調査』等を実施し、ベースとなる情報を整備すべきである。

　　都市環境に関する評価手法の充実等、以下のような課題例を踏まえて技術開発を推進することが重要である。

a) 緑化による $CO_2$ の固定やヒートアイランド現象の緩和効果等、環境保全・創造に関する効果の定量的評価手法の開発や、事業実施による効果の把握手法
b) 公園利用の多様化に対応した設計・管理・施設配置等の計画のあり方
c) 特に近年問題が顕在化している病原性微生物や内分泌撹乱物質（環境ホルモン）等の微量有害物資へ対応するための技術開発

d) 水域内で物質が複合されることにより生じる現象の、原因物質の発見や対策のための技術開発

　市民の都市環境に関する認識を高め、環境に対する負荷の大きいライフスタイルの見直しや、連携しての取組み等への参加意識を向上させるため、

　　a) 当該都市での雨水等の水源量と水利用量のバランスをわかりやすく示した「みずみずしさ指標(仮称)」
　　b) 高木・低木・草地等の緑の特性を評価した「うるおい緑率(仮称)」
　　c) 河川堤防の緩傾斜化や河川沿いのオープンスペースの存在、市民が散策できる度合いなどを表す「川沿い(水際)のパブリックアクセス率(仮称)」等のわかりやすい指標を開発した上で、これをインターネット、公共施設管理用光ファイバー、CATVの活用等により、市民等に広く持続的に情報提供を行っていくことが重要である。

　また、より具体的に生態系や水質等都市環境に関する現状を理解してもらうため、公園や下水処理場を環境問題を認識する場として活用することが必要である。

　大都市や新市街地では、住民間のコミュニケーションが不十分である場合があると考えられることから、都市内にある下水道等公共施設の管理用光ファイバー等のネットワークを活用して、地域密着型の情報の持続的提供を行うとともに、都市環境問題を一つのテーマとして住民間のコミュニケーション形成の推進を図ることが必要である。

　このような取り組みに加え、市民の水や緑の保全・活用等の環境への意識を一層高めていくため、小中学校等との連携による環境教育や、河川、公園等の自然を活かした環境体験等が重要であり、既に実施されている『水辺の楽校』等の取り組みを一層推進していくことが必要である。

## (2)市民、企業、行政の協力

### 1)基本的な考え方

　環境共生都市づくりは、行政や一部の専門家のみが行うものではなく、市民、企業を含めて様々な人々がライフスタイルの見直しによる環境負荷の軽減等を図るとともに、コミュニティの大きさ(個人、町内会、PTA等)や対象とする課題(水、緑、エネルギー、リサイクル等)に応じて、市民、企業及び行政の役割分担により多様な形態で連携した取り組等を進め、環境の向上に資する施策の一層の推進や、整備後の良好な維持管理等を図っていくことが必要である。

### 2)具体的取り組み

　環境共生都市をよりよく運営していくためには、施設等の整備後の保全、維持、管理をしっかり行っていくことが重要であり、これらの施設等に身近に接している市民の果たす役割は大きい。

　具体的な取り組みとして、まず、環境教育や、計画・整備・管理の様々な場で参加の機会を拡大していくことが重要であり、例えば、「明治神宮の森」づくりにならい、更地からあたらしに緑地(樹林地)を創出する「平成の森」づくりにおいて、基盤部分については都市公園事業等の公共事業で整備し、植栽部分については地球温暖化への取組みというシンボリックな意味合いを込め、国民参加によって実施する等の取り組みを積極的に行うべきである。

　近年重要性が増しているNPOの中でも、水と緑の分野は特に活動が活発な分野の一つであることから、都市緑化基金の活用等による支援や、環境教育・イベントなどでの行政と連携しての取り組みを推進していく必要がある。

　都市環境については技術面等で企業に期待される役割が大きく、企業における新技術開発の支援により、都市環境産業の育成を図っていくことが重要である。また、近年企業が活発に提供を進めている環境への取り組みへの支援施策の活用を進めるため、市民の取

組みとのコーディネートを行っていくべきである。

市民がまちづくりに関する意欲を持ったとしても、最初に何から手をつければ良いか、どこに相談すれば良いのかなど基本的な部分から悩むことがある。また、企業においても社内には緑地や生物の専門家がいないことにより敷地や周辺の自然の保全に対して手をこまねいている場合もあることから、行政・専門家による市民への技術面での支援を行っていくべきである。

これに関連して、従来はあまり積極的に取り組まれてこなかったことから、人材が少ないと考えられる、河川とまちづくり等の連携の視点を持った専門家の育成が重要である。

地域の個性を重視した取り組みを進めるため、議会や市民の合意により制定され、市民も責務を有する「まちづくりに関する条例、規範、協定等」を活用することも考えられる。

### (3) 環境を基調として諸計画を充実

#### 1) 基本的な考え方

地球温暖化問題等への視点も含めて都市環境の改善に総合的に取り組むべく、環境を基調として都市づくり関連の諸計画の充実を図るべきである。

#### 2) 具体的取り組み

広域的な視点からの都市環境に関する構想として、広域緑地計画、流域別下水道総合計画など良好な環境の保全・創造を主目的とする計画については、他省庁施策との連携を積極的に盛込む、あるいは、関係者との調整手続きを整備する等により内容を充実させ、より総合的な計画として策定を推進することが必要である。

a) 「地球温暖化対策推進大綱（平成10年6月19日決定）」において、関係省庁の施策を盛込んだ「緑の政策大綱」策定推進という趣旨の記述がなされた。これを踏まえて、広域緑地計画においても自然保護行政、森林行政等の内容を積極的に位置づけていくべきである。
b) 水循環に対しては、山間部の水源地域から海岸に至るまでの広大なエリアにおける水利用や土地利用が大きく影響を与えることから、都市での対策も含めて流域での望ましい水循環のあり方と実現のための方策をまとめた『水循環マスタープラン（仮称）』の策定について検討を行っていくことが必要である。

これに関連し、流域別下水道総合計画に水環境・水循環に関する施策を総合的に位置づけるべく、記述項目、関係機関との協議方法、住民意見の取り入れ手続き等の内容を充実させることが必要である。

都市環境の改善に総合的かつ効果的に取り組むためには、広域的な計画との整合性を図るとともに、地域の特性を重視しつつ、都市圏等の視点から構想を策定していくことが必要である。このため、都市の活動圏域に即し、適切な都市計画区域の指定・見直しを図るとともに、都市圏のマスタープラン（「整備・開発・保全の方針」等）について充実・強化を図りつつ、その活用を図っていくことが必要である。

従来は「建設行政」の分野に限られてきた都市環境への取組みについて、廃棄物や地球温暖化などの地球環境レベルの問題に対する視点を加えるべく、緑化・水循環の改善、下水等の未利用エネルギーの有効利用推進等の地球温暖化への取り組みや、公園緑地と一体的な最終処分場整備等、水と緑を柱とした取り組みを位置づけていくことが必要である。

編集／財団法人 リバーフロント整備センター

所 在 地：〒102-0075　東京都千代田区三番町3番地8　泉館三番町3F
電　　話：03-3265-7121（代）　FAX：03-3265-7456
ホームページ：http://www.rfc.or.jp

本書の編集＝財団法人 リバーフロント整備センター 研究第一部
　　　　　　井山　聡・鳴海太郎・黒川信敏
編 集 協 力＝株式会社 アーバンウェア：古澤　進・佐々木涼子
　　　　　　株式会社 都市総合計画：齋藤　喬・小市浩伸

---

**河川を活かしたまちづくり事例集**　　　　　　　　　　定価はカバーに表示してあります
2002年8月10日　1版1刷発行　　　　　　　　　　　　ISBN4-7655-1637-7　C3051

　　　　　　　　　　　　　　　　編　者　財団法人　リバーフロント整備センター
　　　　　　　　　　　　　　　　発行者　長　　祥　　隆
日本書籍出版協会会員　　　　　　発行所　技　報　堂　出　版　株　式　会　社
自然科学書協会会員
工 学 書 協 会 会 員　　　　　　　　　　　〒102-0075　東京都千代田区三番町8-7
土木・建築書協会会員　　　　　　　　　　　　　　　　　　　　（第25興和ビル）
　　　　　　　　　　　　　　　　　　　　　電話　営業　（03）（5215）3165
Printed in Japan　　　　　　　　　　　　　　　　編集　（03）（5215）3161
　　　　　　　　　　　　　　　　　　　　　FAX　　　　（03）（5215）3233
　　　　　　　　　　　　　　　　　　　　　振　替　口　座　　　00140-4-10

ⓒFoundation for Riverfront Improvement and Restoration,2002　　　装幀　ストリーム　印刷・製本　技報堂

落丁・乱丁はお取替えいたします．

本書の無断複写は、著作権法上での例外を除き，禁じられています．